岩体力学参数的
灰色辨识及预测方法研究

■ 祝慧敏 肖新平 著

◆ 湖南师范大学出版社

－ 长沙 －

图书在版编目(CIP)数据

岩体力学参数的灰色辨识及预测方法研究 / 祝慧敏，肖新平著.--长沙：湖南师范大学出版社，2024.8. --ISBN 978-7-5648-5466-9

Ⅰ.TU45

中国国家版本馆 CIP 数据核字第 20241J1M95 号

岩体力学参数的灰色辨识及预测方法研究

Yanti Lixue Canshu de Huise Bianshi ji Yuce Fangfa Yanjiu

祝慧敏　肖新平　著

◇出　版　人：吴真文
◇责任编辑：胡　雪
◇责任校对：蔡兆曌
◇出版发行：湖南师范大学出版社
　　　　　　地址/长沙市岳麓区　邮编/410081
　　　　　　电话/0731-88873071　88873070
　　　　　　网址/https://press.hunnu.edu.cn
◇经销：新华书店
◇印刷：长沙市宏发印刷有限公司
◇开本：710 mm×1000 mm　1/16
◇印张：12
◇字数：220 千字
◇版次：2024 年 8 月第 1 版
◇印次：2024 年 8 月第 1 次印刷
◇书号：ISBN 978-7-5648-5466-9
◇定价：58.00 元

前言

　　本书重点介绍灰色系统理论在岩体力学参数辨识及预测中的基本方法和应用,集中反映笔者在灰色预测模型及应用的研究积累。共分七个章节,包括岩体力学参数研究概况、岩体力学参数特性分析及灰色预测模型、广义开尔文模型中流变参数的灰色辨识法、伯格斯模型中流变参数的灰色辨识法、等间隔岩体变形参数的灰色预测模型、非等间隔岩体强度参数的灰色预测模型及非线性岩体脆性指数的灰色预测模型。内容基本覆盖灰色经典模型与岩体力学常用参数,研究方法以突出岩体力学所具有的试验数据信息少、不确定性等灰色系统特征,并结合黏弹性理论及灰色系统理论的思路,在应用上强调灰色模型在岩体力学试验中的背景和技术。

　　岩体力学是研究岩体在各种力场作用下变形与破坏规律的理论及实际应用的力学分支学科,其研究对象与应用范围涉及采矿、土木建筑、水利水电、石油、地下工程、军事工程等众多工程领域。目前,岩体力学参数的辨识及预测仍是岩体力学领域的重要研究课题。岩体的力学参数大致可分为四类:流变参数、变形参数、强度参数及脆性指数。其中流变参数辨识的准确性能合理解释岩体时效变形与破坏特征;变形参数和强度参数的准确预测对岩土工程的稳定性、安全性及经济性都有着非常重要的影响;脆性指数是评价岩石可压裂性的重要参数之一。在岩土工程实践中,由于对岩体力学特性认识不足而造成的工程事故不乏其例。如何相对合理地估计岩体力学参数值,直接关系到岩土工程项目的可行性,具有十分重要的理论意义和现实意义。

目前,常用的岩体力学参数辨识及预测方法没有同时考虑岩体力学的三个明显特征:(1)岩石样品的可用性和完整性受限于大量的室内或室外的破坏性试验,试验数据信息少;(2)岩体在不同物理环境中,在各种应力状态下的变形及破坏规律导致许多力学性质存在不确定性;(3)岩体受大小不等、方向各异的多组结构面切割,具有明显的离散性。这三个特征就是典型的灰色系统特征。因此,利用灰色系统理论探讨岩体力学参数的辨识及预测问题是合理可行的。本书主要研究的内容如下:

根据广义开尔文模型的流变参数辨识具有试验数据信息量少、不确定性等灰色系统特征,基于灰色差异信息原理,提出了一种新的广义开尔文模型流变参数的灰色辨识法。新方法利用灰色累加算子 1-AGO 处理原始蠕变数据以削弱其随机性,并建立灰色-广义开尔文模型,同时采用累积法识别新模型中的灰参数,降低模型的病态性问题,并得到灰参数和力学参数之间的关系式。通过单轴压缩和不同浓度渗透液的盐岩蠕变力学试验获得应力-应变-时间关系曲线,用新方法对广义开尔文模型的流变参数进行辨识。采用四个评价指标和三种传统参数辨识法进行对比分析发现,新方法辨识的流变参数都能正确反映盐岩的各阶段蠕变,能较好地解决盐岩的流变参数辨识问题。

根据伯格斯模型的流变参数辨识具有的灰色特性及初始参数值选取困难的特点,基于灰色白化微分方程,提出了一种新的伯格斯模型中流变参数的灰色辨识法。新方法将伯格斯模型的蠕变方程与 GM(1, 1) 模型结合,将其转化为相应的灰色微分方程,建立灰色-伯格斯模型,并引入灰色演化算法优化背景值,利用最小二乘法识别模型中的灰参数,建立力学参数和灰参数之间的关系式。结合工程中常用的单轴压缩、三轴压缩及分级加载岩体蠕变试验,根据实测位移-时间加载曲线,采用新方法对伯格斯模型中流变参数进行了参数辨识。将新参数辨识法与五种常用方法进行对比发现,该方法辨识的流变参数性状较符合伯格斯模型所反映的力学特征,能更好地描述岩体材料的黏弹性蠕变特性。

针对岩体中发育的大量断层及节理等不连续面的离散性及少信息特征这一岩体变形参数预测问题,结合岩体变形模量的多元性和等间隔灰色卷积模型,建立了等间隔岩体变形参数灰色预测模型。新模型利用变形模量与纵波波速的强相关性,充分考虑所有试验数据信息,结合灰色多变量预测模型的建模思想,讨论了新模型的参数辨识,采用派生法计算其时间响应式,降低了模型的病态性。通过对变形模量拟合的数值案例验证了新模型的有效性,并根据现场原位试验和声波试验结果,探讨了西藏某水电站和云南省金安桥水电站坝基的工程岩体变形模量的预测,其结果符合岩体纵波波速具有随碉深增加而增加的规律,可为岩土工程的稳定性分析提供可靠的数据信息。

针对单轴抗压强度、布氏硬度等具有非等间隔特性的强度参数预测问题,基于强度参数的多变量特性,以及内摩擦角和内聚力与强度参数的强相关性,将等间隔灰色卷积模型拓展到非等间隔情形,建立了非等间隔岩体强度参数灰色预测模型。将内聚力、内摩擦角作为系统行为序列建模,并用最小二乘法计算了新模型的参数辨识,同时还讨论了新模型的解析解。通过抗拉强度预测的实例验证了新模型的有效性,并根据岩体的原位直剪试验,探讨了陕西省某水库坝基的白云质灰岩岩体的抗剪强度参数内聚力和内摩擦角的预测问题。其结果精度高,可对岩体在单轴抗压强度非等间隔状态下的塑性区发展作出估计,具有重要的工程实用价值。

针对岩体所具有的塑性屈服特征以及小样本容量的脆性指数定量预测问题,结合页岩本身具有低孔、低渗的非线性特点,基于向量自回归 VAR 模型及含时间幂次项的灰色非线性 $GM(1,1,t^\alpha)$ 模型,建立了非线性岩体脆性指数灰色预测模型。新模型对建模过程、参数估计及时间响应式等进行了研究,并根据矩阵的条件数理论探讨了模型的稳定性问题。通过单轴抗压强度、弹性模量和泊松比对岩体脆性指数的影响,探讨了四川盆地焦石坝地区龙马溪组页岩的脆性指数预测问题。其结果准确可靠,可提高工程中对岩体自身承载能力判断的准确性,也可对我国政府在进出口常规能源方面做出有效决策提供参考,具有重要的理论和现实意义。

本书由祝慧敏主要编写和统一定稿,肖新平教授总体策划。

本书出版得到了湖北经济学院校级项目(项目编号:XJ22BS19)、国家自然科学基金(项目编号:71871174,72071150)等项目的资助。

书中绝大部分内容均为作者的研究成果,由于作者水平有限,书中难免存在不足之处,恳请读者批评指正!

祝慧敏　肖新平

2024 年 4 月 28 日

第1章
岩体力学参数研究概况

1.1　岩体力学参数研究背景

岩体力学是研究岩体在不同物理环境的力场中产生的各种力学效应的一门理论和应用学科,是力学的一个重要分支。它的研究内容涉及固体力学、流体力学、结构力学、数理统计、计算数学、优化理论、灰色理论及非线性理论等大量力学与数学理论,还涉及工程地质、地球物理、材料物理、系统论、控制论等相关学科理论。岩体力学描述了岩体在不同物理环境及各种应力状态下的变形及破坏规律,主要包含岩体破坏和稳定两部分的内容。由于岩体不仅构造复杂,还存在许多力学性质不稳定及不确定的成分,在某些特定的条件下,研究人员套用已有的理论和准则对岩体力学问题进行假设,而后进行理论分析和数值模拟的结果,这往往会与试验数据相差较大。"参数给不准"已成为岩体力学理论分析与数值仿真的难题,其参数辨识及预测一直以来都是岩体力学理论、试验和实践中亟待解决的关键问题[①]。近年来,智能算法、灰色系统理论及模糊理论等新兴理论的发展,给岩体力学的参数辨识及预测问题提供了全新的思维方式和研究方法,为突破岩体力学的确定性研究方法提供了强有力的理论基础。

在岩体稳定性分析中,岩体力学的参数辨识及预测是研究岩体变形和破坏的关键问题之一,也是地质、设计和岩体试验人员所关注的重点,对岩体力学参数,即岩体的流变参数、强度参数、变形参数和脆性指数的准确取值,对岩土工程的稳定性、安全性及经济性等方面都有着深远的影响。在岩土工程实施过程

---

① 蔡美峰. 岩石力学与工程[M]. 2版. 北京:科学出版社,2013.

中,因为对岩体力学特性了解的不够深入而导致的工程事故不胜枚举。比如,工程设计中,若所选力学参数精确度不高,偏于安全,则工程投资增加,施工期加长;反之工程投资下降,施工期缩短,但工程安全风险性增大,一旦发生事故,将是灾难性的。例如,位于巴拉那河流(世界第五大河,年径流量 7250 亿立方米)的伊泰普水电站,其设计所计算的沉降量值是大坝建成后观测值的 34 倍;位于法国东南部的马尔巴塞拱坝,由于过高的水压力使坝基岩体沿软弱结构面滑动,导致左坝肩至 F1 断层的岩块失稳,大坝溃决,造成了巨大的人员伤亡和经济损失[①]。

目前,岩土工程中常用的力学参数估计及预测方法,都是基于大量力学试验数据的统计分析结果,把不同岩体质量等级的岩体力学参数对应于一定的参数取值区间[②]。错误的岩体质量等级划分可能导致两者的力学参数值出现较大的误差。因此,只有对岩体力学参数做出准确的估计,才能对可利用的工程岩体做出正确的判断,从而对岩体的力学性质有更清晰的认识,以确保岩土工程能安全、稳定地进行。

1.2 岩体力学参数研究进展

岩体是水利枢纽、桥梁工程和高层建筑等大型复杂结构工程的重要地基和基础。岩石可以看作是一种均质的、连续的和各向同性的材料,而天然岩体由于经历过多次反复的变形、破坏等地质作用,含有大量的节理断层等结构面,赋存于一定的地质环境中,使得岩体结构的力学性质完全不同于完整岩石。因此,岩体通常表现为一种非均质、不连续和各向异性的结构体,其力学性态更复杂[③]。岩体的参数一般分为岩体物理参数和力学参数两大类,具体分类如下:

---

① 汝乃华,姜忠胜. 大坝事故与安全·拱坝[M]. 北京:中国水利水电出版社,1995.

② 晏石林,黄玉盈,陈传尧. 贯通节理岩体等效模型与弹性参数确定[J]. 华中科技大学学报(自然科学版),2001(6):60-63.

③ HAN X M, LI W J, LI X Z, et al. Virtual reality assisted techniques in field tests and engineering application of the mechanical parameters of a horizontally layered rock mass[J]. Alexandria Engineering Journal, 2022, 61(5):4027-4039.

```
                              ┌ 体性参数
              ┌ 岩体物理参数 ┤ 剪性参数
              │              └ 组合参数
岩体参数 ┤
              │              ┌ 流变参数
              │              │ 强度参数
              └ 岩体力学参数 ┤ 变形参数
                              └ 脆性指数
```

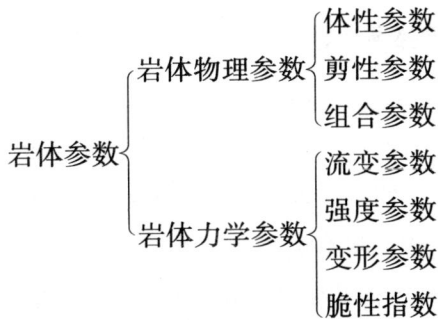

岩体的力学性质主要是指：(1) 抵抗外力作用的能力；(2) 在边界条件变化时释放内应力的性质。描述岩体力学性质的参数称为岩体力学参数，分为流变参数、强度参数、变形参数和脆性指数。岩体流变参数是指岩体流变本构模型中的弹性系数 E、材料的屈服极限 σ_s、牛顿黏性系数 η 等参数。岩体流变本构模型中流变参数估计的原理来自于控制理论中的系统辨识，这是应自动控制的需要用以确定复杂不确定系统等价数学描述模型而产生的一门技术，现已被广泛应用于控制、预测等各个领域[①]。岩土工程是一种复杂的不确定性系统，对这种系统通过辨识技术得到与其等价的数学模型，即本构方程，然后再对其进行深入分析，将成为岩体流变性研究的一条有效途径。由于本构模型大多十分复杂，其流变参数通常无法直接由试验结果或者通过简单的计算获得，因此，在实际应用中往往需要运用各种数值方法对这些参数进行辨识，从而确定相应的本构模型。岩土工程研究的主要内容是变形预测和稳定性评价，因此变形参数和强度参数的预测是主要的研究问题。针对这两类参数的预测，研究人员在实际岩土工程稳定性方面做了大量的工作。这两类参数的预测方法有很多，例如室内岩石和原位岩体试验、回归预测、人工智能、机器学习等。

现代科技的发展和技术手段的不断进步，可以让研究人员采用多种数值分析方法解决复杂工程岩体的稳定性问题。然而数值分析法的准确估算取决于岩体力学参数取值的准确性。因此，岩体力学参数的正确选取在数值模拟过程中是一个非常重要的环节，对其计算结果的准确性起着关键性的作用；并且在进行结果分析时，应充分考虑该参数的局限性对所得结果造成的影响。以下对岩体力学的这四类参数分别进行阐述。

---

① ZHENG M Z, LI S J, ZHAO H B, et al. Probabilistic analysis of tunnel displacements based on correlative recognition of rock mass parameters[J]. Geoscience Frontiers, 2021, 12(4):50-64.

1.2.1 岩体流变参数辨识研究

岩体的流变性是指岩体在外界荷载、温度、辐射等条件下，所呈现出的与时间相关的变形、流动、破坏等性质。其主要表现在弹性后效、蠕变、松弛、应变率效应、时效强度、流变损伤断裂等方面。岩体流变是岩体地下工程、构筑物基础、边坡及滑坡产生大变形甚至失衡的重要原因之一。例如，在竣工数十年后的地下隧道仍可能出现各种蠕变变形和断裂，特别是软岩成洞的地下工程常发生蠕动型滑坡。滑面的形成和坡体滑动都是缓慢进行的，边坡的蠕变变形与失稳对边坡相邻的建筑物安全构成威胁。抚顺西露天矿北边坡在每年汛期所产生的蠕动变形给矿山生产和地面建筑物带来了巨大的损失；红水河龙滩水电站位于左岸坝肩及上游段的蠕变岩体边坡在施工期间一直产生缓慢的倾倒变形，有十多处发生塌滑或者变形开裂，边坡的长期不稳定性直接威胁着整个枢纽的施工及运行安全。这些地下工程由于岩体的流变问题，给工程的结构设计和施工安全带来了一系列特殊影响。由此可见，在工程设计和施工中充分考虑其流变效应尤其重要。开展岩体流变参数研究，深入了解岩体流变变形及其破坏规律，对于岩土工程建设具有十分重大的现实意义与经济价值，同时也可以丰富和拓展岩体流变力学研究内容。

岩体流变参数辨识是岩体力学理论与工程实践中的研究课题之一，也是架构理论联系实际的桥梁。岩体本构模型普遍比较复杂，模型中的流变参数值通常无法由试验结果直接获得，在实际应用中往往需要运用各种数值分析方法对这些参数进行辨识。其辨识方法可划分为以下三大类：

（1）正分析法

该方法是基于力学试验结果和经典力学理论，采用正向思维的一种参数辨识法。胡斌等[1]根据软弱夹层的剪切流变试验曲线，用该方法对本构模型的流变参数进行辨识。陈沅江等[2]建立了几种不同的岩体流变本构模型，用该方法对其流变参数进行辨识。张亮亮、王晓健[3]基于蠕变力学试验，建立了非线性

---

① 胡斌，祝鑫，李京，等. 软弱夹层非线性流变损伤本构模型研究[J]. 安全与环境学报，2022，22(1)：83-89.

② 陈沅江，潘长良，曹平，等. 软岩流变的一种新力学模型[J]. 岩土力学，2003(2)：209-214.

③ 张亮亮，王晓健. 改进宾汉姆流变模型及其参数辨识[J]. 力学与实践，2017，39(6)：602-605.

方程与蠕变方程之间的关系,并对宾汉姆模型中的流变参数进行估计。周先齐等[①]基于不同围压下围岩的蠕变力学试验,提出了一种新的流变参数计算方法。曹树刚等[②]对西原模型进行了改进,并利用正分析法分别对改进前和改进后的西原本构模型中的流变参数进行了辨识。

(2) 参数反演法

该方法是基于现场测试位移,采用逆向思维的一种参数辨识法。近年来,随着位移反分析法的深入研究,参数反演法在岩体力学流变参数辨识上的研究也取得了较大成果。刘家顺等[③]将开尔文模型中的黏壶元件换成阿贝尔黏壶,利用反演分析法对流变参数进行辨识。凌同华等[④]通过改进 PSO 和 BP 算法的智能位移反分析法,对隧道围岩的流变力学参数辨识问题进行了研究。王芝银等[⑤]提出了两种流变参数辨识法:逆解回归法和优化法。这两类方法是基于黏弹性体的有限元和边界元位移反分析推导出的。张玉军[⑥]针对具有均质、连续特性的黏弹性岩体的普通形状洞室和处于非静水压力状态下的围岩进行了探讨,提出了黏弹性岩体流变参数的反分析法。向文等[⑦]基于大岗山水电站坝基岩体的蠕变柔量,研究了黏弹性流变力学模型的解析和智能反演耦合的参数辨识法。杨林德等[⑧]基于等效弹性模量的定义,从开尔文-沃伊特模型结构确定的条件出发,研究了围岩的流变参数反演法。

(3) 智能算法

该方法是基于优化技术的人工智能参数辨识法。随着机器学习、神经网络

①　周先齐,王洁,陈自力. 黏塑流变本构模型力学参数辨识研究[J]. 地下空间与工程学报,2015,11(3):632-641.

②　曹树刚,边金,李鹏. 软岩蠕变试验与理论模型分析的对比[J]. 重庆大学学报(自然科学版),2002(7):96-98.

③　刘家顺,靖洪文,孟波,等. 含水条件下弱胶结软岩蠕变特性及分数阶蠕变模型研究[J]. 岩土力学,2020,41(8):2609-2618.

④　凌同华,秦健,宋强,等. 基于改进粒子群算法和神经网络的智能位移反分析法及其应用[J]. 铁道科学与工程学报,2020,17(9):2181-2190.

⑤　王芝银,袁鸿鹄,汪德云,等. 基于量测位移的隧洞围岩弹性抗力系数反演方法[J]. 工程地质学报,2013,21(1):143-148.

⑥　张玉军. 围岩流变参数反分析方法[J]. 岩土工程学报,1990(6):84-90.

⑦　向文,张强勇,张建国. 坝区岩体蠕变参数解析:智能反演方法及其工程应用[J]. 岩土力学,2015,36(5):1505-1512.

⑧　杨林德,颜建平,王悦照,等. 围岩变形的时效特征与预测的研究[J]. 岩石力学与工程学报,2005(2):212-216.

等人工智能及优化算法引入岩体流变力学领域,不少学者也将智能算法应用到岩体流变参数辨识的研究中。马世伟等①根据北京冬季奥运会某高速路段的数据,基于 K 最邻近分类算法(KNN)良好的非线性系统辨识能力,建立了隧道人工智能岩体结构的流变参数估计法,并将 KNN 智能算法应用到隧道岩体质量评价中。高玮、郑颖人②将遗传算法与有限元正分析法耦合,提出了一种快速位移反分析法,并将该方法应用到弹-黏-塑性岩体流变本构模型的参数反演中。左红伟等③基于地下洞室围岩的力学试验,将遗传算法引入模式搜索并结合人工神经网络(ANN)用反演分析法对该岩体的流变参数进行估计。

纵观上述研究可以发现,岩体流变参数的辨识问题主要还是针对基于连续、均质、各向同性介质假定的弹-黏弹性模型进行的识别,仅少数文献针对弹-黏塑性本构方程的一般形式,阐述了其弹-黏塑性模型辨识的原理和方法。由于岩体进入塑性状态后,其黏塑性本构关系要比黏弹性本构关系更为复杂,模型辨识除模型参数之外,还涉及屈服准则、塑性势函数以及判别岩体是否进入屈服和表征塑性发展程度的函数这三个待辨识的未知函数,因此,在实际应用中必须做出较多的简化和假设,还要借助于数值方法(如有限元方法)来实现。而基于神经网络的隐式本构模型识别,存在网络结构难以确定、很难获取学习样本并保证样本完备、得到的本构模型无法检验其可靠性等问题。但总体而言,考虑用灰色系统理论对岩体流变参数辨识的分析成果还很少,这方面的研究有待进一步的深入和探索。

1.2.2　岩体变形参数预测研究

岩体变形模量是岩土工程研究中的重要参数,其取值的准确性对研究岩体变形、稳定性及工程支护设计具有重大影响。

我国曾对首批用新奥法施工的隧道,如下坑、南岭、吴庄、岭前等,通过 2～6 年的时间观测发现,这些隧道的内衬应力和变形均在逐年上升;陶恩隧道位于奥地利境内萨尔斯堡以南,该隧道在施工期贯穿绿泥石等软岩地段时,围岩

---

① 马世伟,李守定,李晓,等. 隧道岩体质量智能动态分级 KNN 方法[J]. 工程地质学报,2020,28(6):1415-1424.

② 高玮,郑颖人. 采用快速遗传算法进行岩土工程反分析[J]. 岩土工程学报,2001(1):120-122.

③ 左红伟,冯紫良,田玉静,等. 岩石弹粘塑性时效模型的遗传算法多参数辨识[J]. 岩石力学与工程学报,2002(S2):2527-2531.

最大变形量为 120 厘米,严重威胁着围岩洞室的安全性及稳定性;日本的惠那山隧道在施工时采用了锚杆、喷混凝土及可缩式钢架等支护措施,但该隧道围岩的最大变形量仍可达到 93 厘米,洞壁变形的收敛时间超过了 300 天。我国著名的三峡水利工程,在山体中深切开挖所形成的双线连续五级船闸必须限制开挖后的时效变形量,否则闸门将无法开启和关闭,影响其正常运行。由此可见,岩体变形参数在岩土工程设计和施工中显得极其重要,开展岩体变形参数的研究,对于岩土工程具有重要的现实意义及经济价值。

然而,由于岩体构造的复杂性影响了岩体的变形性能,导致岩体变形模量的准确参数值极难获取。这是因为岩体中不仅包含完整的岩块,更重要的是岩体中发育大量断层、节理等不连续面,它们是影响岩体变形性能的主要因素,尤其对于坚硬岩体来说,其变形模量更难获得。目前,确定岩体变形模量的常用方法为两种,即直接法和间接法。

(1) 直接法

该方法是通过现场或者室内试验直接计算出岩体变形模量的一种手段。很多研究人员通过研究各类岩体变形模量估算方法,发现现场试验法虽然最直接,但大型工程勘察或者中小型岩土工程受资金、技术、时间等条件限制不可能大量开展。张占荣等[1]研究了岩体变形试验的尺寸效应,认为基于原位试验得到的变形模量值通常只能表示岩体某一点的变形性能。李维树等[2]针对室内变形试验受限于样品尺寸、扰动等因素,得出原位试验很难完整地描述岩体变形特性的结论。因此,人们更加关注利用间接法来获取岩体变形模量,特别是经验关系法,该方法可以通过较易获得的指标来计算岩体的变形模量,不仅简便易于操作,而且可以获得工程区域各个部位岩体的变形模量值,给工程设计带来了巨大便利。

(2) 间接法

该方法是根据经验关系、地球物理、反算法、等效连续模型等方法预测岩体变形模量的一种手段。以变形模量与各类岩体质量分级之间的关系为依据的经验方法是近年来预测岩体变形模量的常用方法。1966 年巴顿(Barton)首先

---

① 张占荣,盛谦,杨艳霜,等. 基于现场试验的岩体变形模量尺寸效应研究[J]. 岩土力学,2010,31(9):2875-2881.

② 李维树,黄志鹏,谭新. 水电工程岩体变形模量与波速相关性研究及应用[J]. 岩石力学与工程学报,2010,29(S1):2727-2733.

从试验证实了剪胀效应的存在,并得到了剪胀公式及双线性公式。霍克(Hoek)和布朗(Brown)二人于 1980 年基于岩体结构、形态理论和实践经验,提出的霍克-布朗强度准则可预测岩体变形模量值。基于此方法,希拉菲门(Serafim)和皮内纳(Pereira)于 1983 年建立了工程岩体质量 RMR 与变形模量之间的预测公式。1997 年布艾希凯(Bieniawski)建立了岩体变形模量与地质力学分类得分值 RMR 之间的关系式。宋彦辉等[1]提出了岩体变形模量(E_m)、完整岩块变形模量(E_r)与 RQD 之间的相关关系。Feng 等[2]基于地质强度指标值提出了变形模量预测依据。另外,李守巨等[3]基于改进的 BP 算法,以等效介质方法研究岩体变形特性。

但是,以上变形模量的预测方法往往需要地质研究者具备丰富的工作经验才能获得合理的参数值。

1.2.3　岩体强度参数预测研究

岩体强度参数直接影响岩土工程的安全、支护方案及稳定性,关系岩体承载力、加固和支护的施工及工程费用的问题。岩体强度理论的研究始于 18 世纪,即兰金(Rankine)提出的最大正应力理论。在近 200 年来岩体强度理论的研究历史中,专业学者们提出了许多有意义、有实用价值的强度准则。目前,根据岩体强度理论的研究及其预测方法可大致分为以下四类:

(1) 理论强度准则和经验强度准则

理论强度准则是基于数值分析方法,根据材料力学和弹性力学的知识体系,以严谨的数学方法建立的一种强度参数预测方法。强度理论的研究始于兰金建立的最大正应力理论,除了最大正应力理论、最大正应变理论、最大剪应力理论、八面体剪应力理论这四个经典强度理论外,还包括摩尔-库仑强度屈服理论、格里菲斯强度理论、伦特堡岩石破坏强度理论等。摩尔-库仑强度屈服理论为近年来岩体力学中应用最为广泛的强度理论之一。该理论不仅能正确反应

---

　　① 宋彦辉,巨广宏,孙苗. 岩体波速与坝基岩体变形模量关系[J]. 岩土力学,2011,32(5):1507-1512,1567.

　　② FENG S X, WANG Y J, ZHANG G L, et al. Estimation of optimal drilling efficiency and rock strength by using controllable drilling parameters in rotary non-percussive drilling[J]. Journal of Petroleum Science and Engineering, 2020(193):107376.

　　③ 李守巨,刘迎曦,刘玉晶. 基于改进神经网络的边坡岩体弹性力学参数识别方法[J]. 湘潭矿业学院学报,2002(01):58-61.

岩体的脆性破坏程度,而且还能反映塑性破坏特征。尤其是该理论中的强度参数黏结力 c'(MPa)及内摩擦角 φ'(°)也比较容易计算。岩体经验强度准则对很多非线性岩体强度参数拟合较好,其中应用最多的是霍克-布朗经验强度准则,但该准则中的强度参数不但取决于岩体的力学性质,还取决于其应力水平,需谨慎选取。

(2) 有限元预测法

该预测方法基于数值模拟对真实物理系统进行拟合,能适应各种复杂情况,是一种行之有效的岩土工程分析手段。不少学者基于节理几何参数模型,运用蒙特-卡洛法对不同尺寸的岩体试件进行了拟合,然后运用有限元预测法解出强度参数,该方法较好地解决了节理岩体的介质模型,且从统计的观点来取值,研究思路完整,缺点是计算量较大。用原位试验确定岩体强度参数,能较好地反映岩体的自然特性,然而受施工难度大、造价高等条件的限制,且试验结果具有较大的离散性。原位试验结果的离散性,在很大程度上是尺寸效应的缘故,尺寸效应在岩体抗压强度、抗剪强度、抗拉强度、弹性模量和结构面抗剪强度特征中均有所体现。当岩体试样尺寸大于三倍典型节理迹长时,其试验相对误差才可以接受,但在实践中,这样大的原位试验是不可能的。周维垣[①]根据损伤力学理论对岩体的变形及强度特性进行了分析,该方法的优点是能全面考虑岩体的所有结构面,还可以分析岩体强度,缺点是许多关键性的问题未解决。

(3) 反分析预测法

该方法可得到岩体强度的宏观特性综合值,其基本思想是由樱井纯(Sakurai)首次提出的均匀应力(σ)与岩体弹性模量(E)的有限元反分析数值解。岩体受多向节理切割的影响,表现为一种近似各向异性、连续的弹性介质,具有单向、双向和多向节理岩体的弹性关系,这种关系基于节理材料和岩体的弹性常数及节理的产状参数。近几十年来,国内外许多研究者做了大量研究与应用工作,反分析预测法经过飞速发展,其拓展方法大致可分为三种:第一种是弹-塑性、黏-弹性、黏-弹-塑性岩体的非线性反分析法;第二种是将确定性反分析理论拓展到模糊数学、智能算法及灰色系统理论等非确定性的反分析法;第三种是将有限元反分析法拓展到边界元、离散元及半解析元等计算方法中。然而,反分析法在计算岩体的强度参数过程中,无法解决其多变量非线性及解析

---

① 周维垣. 高等岩石力学[M]. 北京:水利电力出版社,1990.

解不具有唯一性的问题,并且研究人员的工作经验与强度参数的预测有着密切关系。

（4）人工智能预测法

该方法能很好地解决非线性和不确定性问题,在岩体强度参数预测方面有许多应用及研究。计算机技术在岩土工程领域的广泛应用,使得有关岩土工程的数据激增,在这些激增的数据背后隐藏着许多重要的信息。目前,国内外学者们根据人工神经网络（ANN）和支持向量机（SVM）对岩体强度参数预测进行了研究。赵洪波等[1]根据网络结构及网络训练研究人工神经网络辨识岩体力学参数的方法,探讨了以巷道围岩变形观测值为依据,用神经网络反推岩体力学性质和初始地应力环境参数时各参数的可辨识性及稳定性。

研究人员发现,在预测地下工程花岗岩岩体的抗剪强度的力学试验时,运用人工神经网络方法预测岩体的抗剪强度和变形模量,再根据输入数据集的不同,可建立七个模型。于是,许传华等[2]基于人工神经网络方法的优点,建立了岩体抗剪强度参数的 ANN 模型。SVM 是在统计学习理论的基础上形成的一种新的机器学习算法,该方法是针对有限样本得到现有信息下的最优解,在理论上比基于经验风险最小化原则的神经网络具有更好的泛化能力,目前已成为继神经网络之后的研究热点,在模式识别、自动控制等许多领域得到了广泛应用。柳长根等[3]针对非确定性岩体,建立了岩体抗剪强度参数的 SVM 模型。刘开云等[4]根据支持向量机法的分类和回归性能对岩体强度参数进行了预测。

1.2.4 岩体脆性指数预测研究

岩体的脆性指数是指最大弹性应变与临界状态时的总应变的比值,是评价岩石可压裂性的重要参数之一,常使用脆性矿物的含量来表示岩石的脆性等

① 赵洪波,冯夏庭.非线性位移时间序列预测的进化:支持向量机方法及应用[J].岩土工程学报,2003(4):468-471.
② 许传华,房定旺,朱绳武.边坡稳定性分析中工程岩体抗剪强度参数选取的神经网络方法[J].岩石力学与工程学报,2002(6):858-862.
③ 柳长根,许传华.工程岩体抗剪强度参数选取的支持向量机模型[J].矿业快报,2007(8):11-13.
④ 刘开云,乔春生,滕文彦.边坡位移非线性时间序列采用支持向量机算法的智能建模与预测研究[J].岩土工程学报,2004(1):57-61.

级。由于页岩本身具有低孔、低渗的特征,页岩气藏必须借助人工水力压裂和水平钻井改造形成复杂的裂缝系统,增加页岩气渗流通道,才能实现大规模开采,形成商业产能。而页岩脆性指数是影响页岩气储层岩石可压裂性及页岩气产能的关键地质力学参数,因此,准确预测岩体脆性指数对页岩气产量的提高和勘探技术的开发都具有重要意义。

在石油工程中,目前根据岩体脆性指数的研究理论,其预测方法可大致分为以下三类:

(1) 传统脆性指数预测法

传统的岩体脆性指数预测一般可以通过 X 射线衍射试验从矿物含量中计算。研究人员发现根据富有机质页岩的岩石物理模型,可建立矿物弹性参数脆性因子的岩石物理模型,并从测井资料中寻找高质量脆性页岩的弹性参数特征。Mo 等[①]研究了页岩总有机碳含量与脆性指数的关系,提出了用归一化概率最脆性岩型和总有机碳归一化的算术平均值计算页岩前瞻性指数(SPI)的方法。Kim 等[②]提出了一种利用元素俘获光谱测井和弹性测井的方法,对矿物脆性指数进行预测。

(2) 数值模拟试验法

岩体脆性指数预测也可以通过三轴试验和测井得到岩石力学参数来预测。Li 等[③]基于矿物成分的弹性岩石脆性指数法,建立了一种适合复杂结构应力环境的多参数页岩脆性指数定量预测方法。有学者提出了基于单轴抗压强度和抗拉强度算术平均值的脆性指标,并从回归分析的角度验证了两者之间具有良好的相关性。Kivi 等[④]基于岩石在压缩作用下的完全应力-应变行为的能量转

---

①　MO C H, LEE G H, JEOUNG T J, et al. Prediction of shale prospectivity from seismically-derived reservoir and completion qualities: Application to a shale-gas field, Horn River Basin, Canada [J]. Journal of Applied Geophysics, 2018, 151(0): 11-22.

②　KIM T, HWANG S, JANG S. Petrophysical approach for S-wave velocity prediction based on brittleness index and total organic carbon of shale gas reservoir: A case study from Horn River Basin, Canada[J]. Journal of Applied Geophysics, 2017(136): 513-520.

③　LI J L,LI W C. A quantitative seismic prediction technique for the brittleness index of shale in the Jiaoshiba Block, Fuling shale gas field in the Sichuan Basin[J]. Natural Gas Industry B, 2018(5):1-7.

④　KIVI I R, AMERI M, MOLLADAVOODI H. Shale brittleness evaluation based on energy balance analysis of stress-strain curves[J]. Journal of Petroleum Science and Engineering, 2018(167): 1-19.

换分析,提出了一种新的脆性指数评价方法。

(3) 人工智能预测法

近年来,人工智能技术也应用于岩体脆性指数预测。Shi 等[1]提出了一些基于反向传播人工神经网络(BP-ANN)、极限学习机(ELM)和线性回归的数据驱动实用脆性预测方法。Kaunda 等[2]用 Yagiz 方法对硬岩石脆性进行了定义,并基于岩石的材质和弹性特性,利用人工神经网络(ANN)对岩石的脆性进行预测。Kivi 等[3]基于伊朗盆地中潜在页岩气地层数据,采用自适应神经模糊推理系统建立了脆性指数与常规测井曲线的鲁棒性,并对某井气页岩地层脆性指数进行预测。

1.3　灰色预测模型理论研究

岩体力学的参数辨识与预测具有如下特征:

(1) 岩体的相关力学数据存在信息量有限、信息质量差的特性。岩体试验数据往往依赖于大量的室内或室外试验,并且很多试验具有一定的破坏性,导致信息质量差,这限制了岩石样品的可用性和完整性;

(2) 岩石的力学试验数据存在不确定性。岩体因在不同的物理环境、扰动、成样条件、各种应力状态下的变形及破坏规律各异,导致许多力学性质存在不稳定或不确定性因素;

(3) 岩体的力学试验数据范围具有离散性。自然界中的岩体被各种如断层、节理、层理、破碎带等构造形迹切割成既连续又不连续的地质体。因此,岩体受多组结构面切割,具有明显的不连续性,其力学数据范围就是一个离散的集合体。

---

① SHI X, LIU G, CHENG Y F, et al. Brittleness index prediction in shale gas reservoirs based on efficient network models[J]. Journal of Natural Gas Science and Engineering, 2016, 35(2): 673-685.

② KAUNDA R B, ASBURY B. Prediction of rock brittleness using nondestructive methods for hard rock tunneling[J]. Journal of Rock Mechanics and Geotechnical Engineering, 2016, 8(4): 533-540.

③ KIVI I R, ZARE-REISABADI M, SAEMI M, et al. An intelligent approach to brittleness index estimation in gas shale reservoirs: A case study from a western Iranian basin[J]. Journal of Natural Gas Science and Engineering, 2017(44): 177-190.

　　以上信息的有限性、不确定性及离散性是灰色系统的基本特征,灰色系统理论就是处理具有这三类特征的系统的一种非常有效的方法。

1.3.1　灰色预测模型研究进展

　　灰色预测模型是灰色系统理论中的重要组成部分,经过几十年的改进及发展,其应用范围涵盖经济、能源、环境保护、交通流预测及其他应用领域。目前,该理论已经基本建立起一套以系统分析评估及模型预测为主体的技术系统。灰色预测模型对于解决数据量有限的预测问题有着良好的性能,因而获得了广泛关注,并不断得到改进和优化。谢乃明等[①]提出了灰色离散建模的思想,并建立了离散 DGM(1, 1)模型。离散灰色模型的提出使 GM(1,1)模型从离散形式到连续形式的转变问题得到解决。由于离散建模方法简单实用,并且具有较高的精度,许多学者对模型参数的性质与优化问题进行拓展。例如,崔立志等[②]建立了离散 Verhulst 模型,Cui 等[③]建立了离散非齐次 DNGM(1, 1, k)模型。但离散灰色模型与经典的 GM(1,1)模型一样,只能解决近似指数增长序列的问题,而现实生活中对于近似指数增长的序列是极少见的,相较而言,更多的原始序列数据符合近似非齐次指数增长的规律。近似非齐次指数序列离散灰色模型的提出,增强了灰色模型的适用性。

　　GM(1,1)作为灰色预测模型的核心,建模机理仍然存在一定的问题,在实际应用中会出现不能完全拟合齐次指数序列而导致误差较大的情况。由于其因变量 $t=1,2,\cdots,r(r$ 表示数据的个数)是基于等间隔的序列,也就是说两个相邻变量 t 的变化是常数,即 $\Delta t = const$,使其应用在实际问题中时会经常受限。比如,在很多的岩体力学试验中得到的试验数据往往会出现非等间隔序列的情形。如页岩埋藏深度或单轴抗压强度等参数序列,其相邻变量 t 的差是不断变化的一个量,不是一个固定的常数,即 $\Delta t \neq const$,为非等间隔的序列,此时,具有这种非等间隔特点的数据就不能用等间隔的 GM(1, 1)模型来进行拟

　　① 谢乃明,刘思峰. 离散 GM(1,1)模型与灰色预测模型建模机理[J]. 系统工程理论与实践,2005,25(1):93-99.
　　② 崔立志,刘思峰,李致平. 灰色离散 Verhulst 模型[J]. 系统工程与电子技术,2011,33(3):590-593.
　　③ CUI J, LIU S F, ZENG B, et al. A novel grey forecasting model and its optimization[J]. Applied Mathematical Modelling, 2013, 37(6):4399-4406.

合、预测，否则会导致预测精度不高。目前，学者们从以下两个方面对 GM(1, 1)进行了改进：

（1）将 GM(1,1)拓展为非等间隔的情形

常用的非等间隔灰色单变量预测模型 NE-GM(1,1)最初是在处理具有非等间隔特性的数据时提出的一种新模型，之后引起了学者们的广泛关注。近年来，许多学者从不同角度研究了非等间隔 GM(1,1)模型的背景值及其构造方法，并对 NE-GM(1,1)进行优化，以提高该模型的适用性。Xiao 等[1]讨论了 NE-GM(1,1)在处理病态性问题时模型的稳定性。李军亮等[2]提出了非等间隔 NE-GM(1,1)幂模型。郭欢等[3]提出了一种新的非等间隔幂次时间项 GM$(1,1,t^a)$模型。Wang[4] 建立了一系列非等间隔灰色 Verhulst 模型（NE-Verhulst）。然而，这些非等间隔模型都是仅针对单变量灰色模型，而实际应用中经常会碰到多个输入变量的情形，因此对于非等间隔多变量参数的预测问题就具有一定的局限性。

（2）将 GM(1,1)拓展为多参数非等间隔的情形

灰色模型创始人邓聚龙教授提出了一种灰色多变量 GM$(1,n)$模型，遗憾的是该模型并不能用于预测，只能反映各变量之间的相关性。于是许多学者运用不同的数学方法对 GM$(1,n)$模型进行了改进。Tien[5] 于 2005 年提出了一种新的灰色多变量卷积 GMC$(1,n)$模型，该模型通过添加一个控制参数 μ 来改进 GM$(1,n)$模型的结构，再对一阶累加生成序列和原始序列进行拟合和预测，克服了 GM$(1,n)$模型不具有预测的功能的缺点。Wang[6] 提出了一种非线性

① XIAO X P, LI F. Research on the stability of non-equigap grey control model under multiple transformations[J]. Kybernetes,2009,38(10):1701-1708.

② 李军亮,肖新平,廖锐全. 非等间隔 GM(1,1)幂模型及应用[J]. 系统工程理论与实践,2010, 30(3):490-495.

③ 郭欢,肖新平,JEFFREY F. 非等间隔 GM$(1,1,t^a)$幂次时间项模型及其应用[J]. 控制与决策,2015,30(8):1514-1518.

④ WANG Z X, LI Q. Modelling the nonlinear relationship between CO_2 emissions and economic growth using a PSO algorithm-based grey Verhulst model[J]. Journal of Cleaner Production,2019,207 (1):214-224.

⑤ TIEN T. The indirect measurement of tensile strength of material by the grey prediction model GMC$(1,n)$[J]. Measurement Science and Technology,2005,16(6):1322-1328.

⑥ WANG Z X. Nonlinear grey prediction model with convolution integral NGMC$(1,n)$ and its application to the forecasting of China's industrial SO_2 emissions[J]. Journal of Applied Mathematics, 2014(2):1-9.

多变量灰色预测模型 NGMC$(1,n)$。Ma 等[①]建立了递归离散多变量灰色 RDGM$(1,n)$模型。然而,这些多变量灰色模型无法解决实际中具有非等间隔特征序列的预测问题。虽然熊萍萍等[②]通过探索 NE-GM$(1,n)$的建模机理,提出了一种非等间隔多变量 MGM$(1,n)$模型,但在其时间响应函数的求解过程中有矩阵求逆的运算,增加了误差来源,导致该模型结构不稳定。

　　从以上灰色 GM$(1,1)$模型的研究成果可知,针对该模型的非等间隔研究还具有以下不足之处:第一,对于非等间隔多变量模型的时间响应式的解析解还存在争议,目前仍未有系统的研究成果;第二,灰色多变量卷积 GMC$(1,n)$模型的误差分析还不够深入;第三,将灰色系统理论与岩体力学理论相互结合的研究亟待展开。

1.3.2　灰色系统理论在岩体力学中的研究进展

　　灰色系统理论在岩体力学中也有不少的应用,其应用范围涉及采用灰色等维拓扑预测方法对矿压显现智能预测预报,基于灰色拓扑预测方法根据原始波形的序列对未来变化进行预测,例如对矿山压力、边坡变形等实测曲线的预测。韩新平等[③]运用灰关联分析理论研究影响回转切削钻机凿岩速度因素的主次关系。李鹏程等[④]用基于正态白化权函数的灰评估模型预测岩爆等级。周鑫隆等[⑤]根据多因素灰靶决策理论开发了岩爆烈度评价方法,并解决了小样本条件下的岩爆烈度等级评价的模糊性及不确定性问题。

　　但是利用灰色系统理论对岩体力学中的参数进行辨识与预测的研究目前尚属空白。

---

　　① MA X, LIU Z B. Research on the novel recursive discrete multivariate grey prediction model and its applications[J]. Applied Mathematical Modelling, 2016, 40(7-8): 4876-4890.

　　② 熊萍萍, 党耀国, 朱晖. 基于非等间距的多变量 MGM$(1,m)$模型[J]. 控制与决策, 2011, 26(1): 49-53.

　　③ 韩新平, 侯成恒, 邹伟. 回转切削钻机凿岩速度影响因素的灰关联分析[J]. 应用泛函分析学报, 2015, 17(2): 193-197.

　　④ 李鹏程, 叶义成, 王其虎, 等. 基于正态白化权函数的灰评估岩爆预测模型[J]. 化工矿物与加工, 2019, 48(5): 16-22.

　　⑤ 周鑫隆, 章光, 李俊哲, 等. 灰靶决策理论在岩爆烈度等级评价中的应用[J]. 中国安全科学学报, 2019, 29(5): 19-24.

1.4 研究评述

随着我国在水电、交通、矿山、城市建筑等领域建设规模的日益扩大,岩土工程所面临的工程环境也越来越复杂。不良地质条件、地震强度、高温、高渗透压等特殊环境,使得对开展岩体力学参数辨识与预测的研究越来越困难。并且由于岩体的复杂性,室内或现场岩体试验所确定的岩体力学参数值都与实际参数值有较大差异。现场试验的结果也很难代表整个岩土工程范围内的岩体,使得试验结果缺乏足够的代表性;把试验所得的岩体力学参数值作为计算输入量进行数值分析得到的结果与实际情况有一定出入,很难在岩土工程实践中采用。因此,岩体力学参数的合理确定是研究岩体流变本构模型、变形模量、岩体强度及脆性指数的基础,是岩土工程中的一项根本的工作,也是工程实践中存在的一个重要问题,直接关系到岩土工程的安全性和经济性。

岩体流变参数辨识法的研究中,根据正分析法获得的岩体流变力学模型的参数值一般是基于试验的结果、经验的判断以及各种简化和假设条件下计算的。而工程岩体是一种具有许多不确定因素的复杂系统,并且随着工程环境、施工条件以及时间的持续而不断地发生变化。所以,基于正分析法估算的流变参数值通常与实际数据的误差较大。虽然参数反演法取得了明显的进展,但该方法的预测结果不稳定且收敛速度较慢。人工智能参数识别法虽然能克服上述方法的不足,但这些算法不仅具有网络结构难以确定、学习样本难以获取以及本构模型可靠性难以验证的不足,而且还没有考虑岩体应力-应变时间的相关性等问题。目前利用灰色系统理论对岩体流变参数辨识及预测的研究成果还不多,这方面的研究有待于进一步的探索。

岩体变形参数预测的研究方法中,直接法虽然能较好地描述岩体的力学特性,但工程实践表明,大多数力学试验受岩体的尺寸效应等岩体固有属性的限制,不仅耗时而且成本高,得到的试验结果除了参数准确度不高外,还有较大的离散性,导致数据的可靠性较差。因此,用间接法来估算岩体的变形模量受到更多研究人员的关注,该方法也给工程设计带来了巨大便利。然而,间接法受研究人员知识、经验和资料的限制,其预测结果隐含着大量的人为主观因素,导致地质工作者的经验丰富与否与变形模量预测的精度有直接关系。因此,可以考虑用灰色系统理论处理具有数据量有限及离散性特征的岩体变形参数预测问题,这方面的研究有待作进一步的探讨。

岩体强度参数预测的研究方法中,传统的两类强度准则分别具有使用不简便及模型不收敛的稳定性问题。有限元法因岩体在进入塑性变形后,其黏塑性本构关系更复杂,若用于实践需要有更多的假设和简化,计算量非常大。反分析法的解析解不具有唯一性,导致强度参数可能出现几个预测值,预测结果不准确。人工智能算法通常只是将岩体视为一个黑箱系统,简单地建立开发动态指标与其影响因素之间的静态输入输出模型,没有考虑与强度参数有强关联性的其他力学参数的相互影响,更重要的是这类算法需要现有的工具箱或代码包来操作。为此,将灰色系统理论用于岩体强度参数的预测,对岩体强度理论的研究发展是一个新的思路和方向。

岩体脆性指数预测的研究方法中,由于各种矿物的排列方式不同,其产生的力学性质也可能不同。因此,仅依靠矿物含量预测脆性指数可能出现一定的偏差,只有通过大量力学试验分析,才能更准确地预测脆性指数。在常规岩体物理试验中,由于岩体的非均质性、非线性以及破裂过程不同于一般材料,要想取得不同方位、不同角度的横观各向同性的试验样本比较困难,因此无法进行层理密度及层理面强度等单因素变量的对比试验。此外,物理试验的数据具有跳动性,再加上存在仪器精度、人为操作等误差,使得物理试验的可重复性较差,仅靠极少的物理试验数据,不能开展系统的岩体脆性描述研究。因此,可以考虑用灰色预测模型处理信息质量差、样本有限的非线性岩体脆性指数预测问题。

目前,灰色系统理论在岩体力学中的应用已有部分研究成果,主要是灰色评估模型预测岩爆等级及灰色拓扑预测矿山压力、边坡变形实测曲线等。但是利用灰色系统理论对岩体力学的参数进行辨识及预测的研究还不多见,需要进一步的探索。岩体力学理论与灰色预测模型的建模机理相结合,同时也结合了灰色模型的强适应性,能够更好地处理突变参数更改的特性。提出灰色-力学模型的建模思想,同时利用岩体力学参数之间的特性,建立灰色-流变模型及灰色多变量岩体参数预测模型,即在岩体力学数据中引入累加生成算子、白化方程、灰色微分方程及时间响应式等灰色理论的性质,建立起灰色理论和岩体力学理论之间的桥梁。岩体力学参数的灰色模型建模是岩体力学方法上的新思路,对于发展和丰富岩体力学的参数辨识及预测具有一定的理论意义。

岩体力学理论研究的目标是通过研究岩体与岩体在不同应力作用下的变形和强度特征、结构面的变形特征等力学性质来确定岩体和岩体的本构关系，揭示工程岩体的初始应力测量及分布规律。而对岩体中应力、应变和位移的计算，可以更好地研究岩体破坏机理和工程稳定性维护及评价。同时岩体力学参数的合理确定是研究岩体流变本构模型、变形模量、岩体强度及脆性指数的基础，是岩土工程中的一项根本的工作，也是工程实践中存在的一个重要问题，直接关系到岩土工程的安全性和经济性。将灰色系统理论与岩体力学参数有机结合，建立基于灰信息的灰色-力学参数模型，研究岩体力学参数的辨识及预测问题。研究成果将极大地促进灰色预测建模理论、岩体力学与岩体力学参数等相关理论的协调发展，具有重要的应用价值和现实意义。因此，将岩体力学理论与灰色预测模型的建模机理相结合，研究力学参数的辨识及预测，可搭建灰色系统和岩体力学之间的理论桥梁。

1.5　主要内容和组织结构

1.5.1　主要内容

本书根据岩体力学的几种参数类型，研究每一分类中岩体力学参数的辨识及预测方法。根据岩体流变参数、变形参数、强度参数及脆性指数的灰色基本特征及相关原理，研究流变参数的灰色辨识方法，探索变形参数、强度参数和脆性指数的灰色预测模型。这些思路、方法、建模机理和研究成果，将极大地促进灰色预测模型建模理论、岩体流变本构模型的参数辨识及岩体力学参数的预测，为岩体力学参数的研究积累了一定的理论基础。岩体力学参数的灰色辨识及预测方法是研究岩体力学理论的新思路，对促进灰色系统理论和岩体力学理论的共同发展具有重要的应用价值和现实意义。本书划分为七个章节，各部分内容简介如下：

第1章是岩体力学参数研究概况。首先介绍岩体流变参数辨识、变形参数、强度参数和脆性指数预测方法的研究背景及研究意义，并对其国内外研究现状进行了全面的阐述；其次介绍了灰色系统理论及其在岩体力学中的研究进展；最后总结了本书的主要工作及组织结构。

第 2 章是岩体力学参数特性分析及灰色预测模型概述。首先介绍岩体力学中流变参数的特性辨识；其次介绍岩体变形参数、强度参数和脆性指数预测的特性；最后介绍灰色系统理论中与岩体力学相结合的灰色累加生成算子、灰色单变量及多变量预测模型。

第 3 章根据盐岩流变参数辨识中存在的样本量有限、不确定性等灰色系统特征，从岩体广义开尔文流变力学模型的定义出发，提出了一种新的基于广义开尔文模型中流变参数的灰色辨识法。利用灰色累加生成算子处理原始蠕变数据，并根据灰色差异信息原理，提出了灰色-广义开尔文流变力学模型。通过累积法得到模型的灰参数，建立灰参数和力学参数之间的关系式，探讨了两类盐岩蠕变试验的参数辨识问题。

第 4 章根据岩体力学参数辨识具有信息少、不确定性及离散性的灰色系统特征，从经典伯格斯流变力学模型的蠕变方程出发，提出了一种新的基于伯格斯模型中流变参数的灰色辨识法。通过研究伯格斯模型中蠕变方程与灰预测模型中白化方程的相似性，提出灰色-伯格斯模型，建立力学参数和灰参数之间的关系式，并对三类岩体蠕变试验中的流变参数进行辨识。伯格斯流变力学模型是第 3 章广义开尔文模型的扩展模型，由三个参数的辨识拓展到四个参数的辨识问题，研究形式更复杂的流变本构模型的参数辨识问题。

第 5 章根据岩体变形模量的多元性及其灰色系统特征，基于灰色多变量卷积 $GMC(1, n)$ 模型，提出了等间隔岩体变形参数的灰色预测模型。通过派生法推导出模型的时间响应式，利用最小二乘法计算模型的灰参数值，并结合变形模量拟合真实案例验证了新模型的有效性。最后讨论了某水电站坝基岩体的变形模量预测。

第 6 章根据单轴抗压强度、布氏硬度等力学参数具有的非等间隔特性，结合岩体力学强度参数中的多变量及少信息的特点，提出了非等间隔多变量岩体强度参数的灰色预测模型。将灰色卷积模型扩展到非等间隔的情形，采用派生法推导新模型的解析解。通过对岩体抗拉强度的预测验证了新模型的有效性。最后探讨了在样本量有限、单轴抗压强度非等间隔情形下的岩体抗剪强度参数预测。

第 7 章根据岩体脆性指数的非线性特征，基于向量自回归 VAR 模型及灰色非线性 $GM(1, 1, t^a)$ 模型，建立了非线性岩体脆性指数灰色预测模型，并且根据矩阵的条件数理论讨论了新模型的稳定性。最后将新模型应用到中国焦石坝地区龙马溪组页岩的脆性指数预测之中。

1.5.2　组织结构

本书基于岩体力学参数的三个灰色系统特征,研究岩体流变参数的灰色辨识方法和变形参数、强度参数、脆性指数的灰色预测模型,为岩土工程的设计、施工及准确地估计工程中岩体的变形和稳定给予了一定的理论依据。针对岩体流变参数,研究岩体流变本构模型和灰参数辨识法;针对岩体变形参数、强度参数和脆性指数,分别研究这三类力学参数所具有的灰色基本特征,并将其与等间隔灰色模型、非等间隔多变量灰色模型及非线性灰色模型进行耦合。本书是岩体力学理论和灰色系统理论的结合、参数辨识和岩体流变本构模型的结合、岩体参数预测和灰色多变量模型的结合。

本书具体思路及方法如图 1-1 所示。

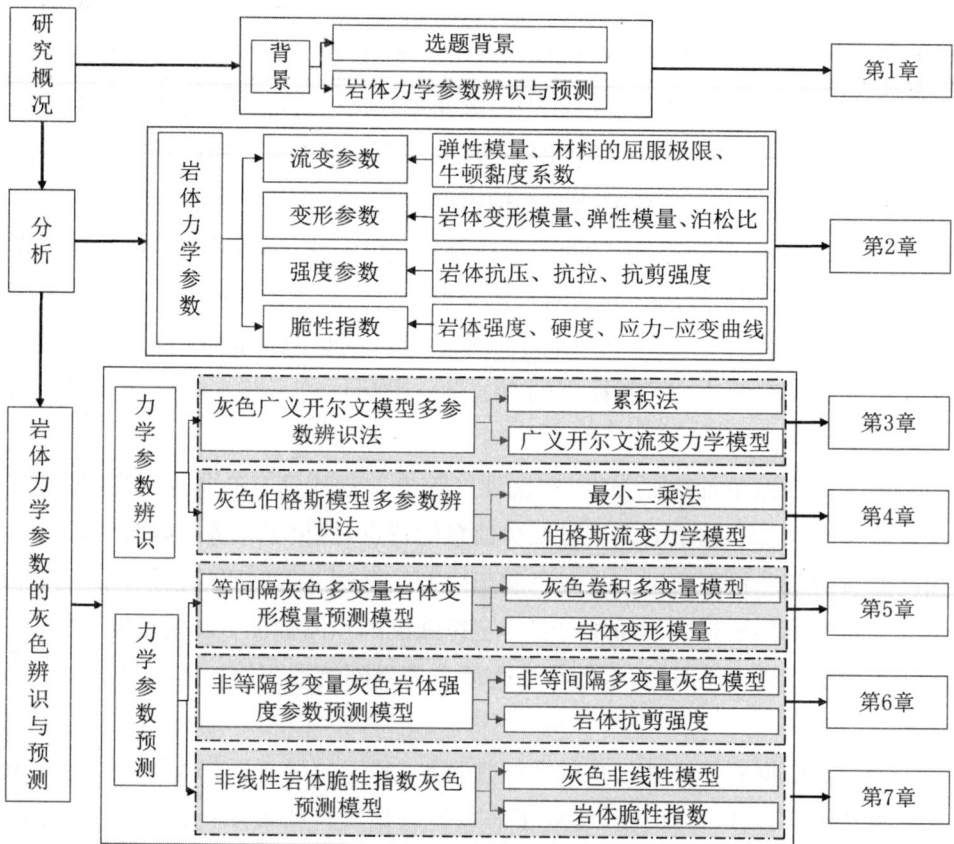

图 1-1　技术路线图

第 2 章
岩体力学参数特性分析及灰色预测模型

　　岩体作为一个高度复杂的非线性系统,其力学参数的合理确定是研究岩体流变本构模型、变形、强度及脆性的基础,也是岩土工程设计中的一项难题。根据岩体力学的参数具有信息量有限、不确定性及离散性的灰色系统特征,基于灰色系统理论研究岩体力学参数的辨识及预测,是目前解决此问题的一个重要途径。因此,本章首先介绍岩体流变力学模型中流变参数辨识法、变形参数和强度参数预测、脆性指数评价的相关力学理论,然后分析灰色系统理论与岩体力学之间的相关性,为下一步研究流变参数的灰色辨识法、岩体变形参数及强度参数和脆性指数的灰色预测模型打下理论基础。

2.1　岩体力学流变参数特性及辨识

　　岩土工程是一种复杂的不确定性系统,通过辨识技术得到与这种系统等价的数学模型,即本构方程,然后再进行深入的分析,将是岩土工程流变性研究的一条有效途径。很多学者在岩土工程稳定性的分析过程中,提出了新的试验方法,相应地也提出了一些新概念来表述岩体力学参数,但这些方法目前都还不成熟,还需要在实践中不断完善。徐国文等[①]根据 Riemann-Liouville 分数阶微

---

　　①　徐国文,何川,胡雄玉,等.基于分数阶微积分的改进西原模型及其参数智能辨识[J].岩土力学，2015,36(S2):132-138.

积分理论,采用分数阶黏壶及非线性黏塑性体模型,提出改进的西原模型,并基于粒子群和模拟退火算法相结合的智能算法对试验数据进行参数反演。赵洪波和冯夏庭[1]将支持向量机与遗传算法相结合,提出了一种用于位移反分析的进化支持向量机方法,对岩体力学参数进行识别。巫德斌等[2]采用类似的方法对地下洞室围岩以及泥板岩在梁弯曲蠕变试验条件下的黏弹性本构模型的解析式与模型参数进行了识别。

岩体流变力学模型可以借助于弹簧、滑块、阻尼器这三类元件反映岩体流变特性的力学变化过程。流变模型能较好地描述岩体的流变特性,其蠕变方程是表征岩体力学应力-应变-时间关系的数学表达式。常用的元件组合模型,是基于力学试验将岩体抽象成由一系列弹性元件、塑性元件、黏性元件等基本变形原件组成的模型,其基本思想是把岩体复杂的蠕变及应力松弛等流变性质用直观的数学方法表示出来,有助于从概念上认识变形的弹性分量、黏塑性分量,并且其数学表达式能直接地描述蠕变、应力松弛等现象。

在流变学中,弹簧、滑块、阻尼器这三个基本元件组合可构成所有的岩体流变力学模型,其对应的力学参数分别为弹性系数 E、材料的屈服极限 σ_s 和牛顿黏性系数 η。这三个参数就是岩体流变模型中要辨识的流变参数,具体定义如下:

(1) 弹性系数 E

胡克(Hooke)体,是一种理想的弹性体,是指岩体在荷载作用下的变形性质完全符合胡克定律。胡克体的力学模型通常用一个弹簧元件来表示,一般用符号 H 表示,其结构如图 2-1 所示。

图 2-1 胡克体力学模型结构图

胡克体的应力-应变曲线是线弹性的,其本构方程为:

① 赵洪波,冯夏庭.位移反分析的进化支持向量机研究[J].岩石力学与工程学报,2003(10):1618-1622.

② 巫德斌,徐卫亚,朱珍德,等.泥板岩流变试验与粘弹性本构模型研究[J].岩石力学与工程学报,2004(8):1242-1246.

$$\sigma = E \cdot \varepsilon, \qquad (2\text{-}1)$$

其中 σ 为应力，ε 为应变，E 为弹性系数。

由式(2-1)可知，胡克体有以下三个性质：首先，无论荷载大小，只要应力 $\sigma \neq 0$，胡克体就会产生相应的应变 ε，也就是说，胡克体具有瞬时弹性变形性质，且当 $\sigma = 0$(或卸载)时，$\varepsilon = 0$，即没有弹性后效，与时间无关；其次，应变 $\varepsilon = const$ 时，应力 σ 也保持不变，说明应力随时间增长并没有发生变化，即胡克体无应力松弛效应；最后，当应力 $\sigma = const$ 时，应变 ε 也保持不变，说明胡克体没有蠕变特性。

(2) 屈服极限 σ_s

岩体的塑性变形是由材料所受或加载的应力达到屈服极限时产生的，并且应力停止增加时，变形不停止，反而不断增长。具有这一特性的岩体称为理想塑性岩体，一般用符号 Y 表示，其力学模型一般用一个滑块表示，结构如图 2-2 所示。

图 2-2　Y 体力学模型结构图

若 σ_s 为岩体的屈服极限，则

当 $\sigma < \sigma_s$ 时，摩擦片为刚体，应力 $\varepsilon = 0$；

当 $\sigma \geqslant \sigma_s$ 时，受岩体或边界条件限制，应力 ε 的取值不确定。

(3) 牛顿黏性系数 η

牛顿(Newton)体是一种理想的黏性体，其应力与应变速度成正比，称为黏性元件。牛顿体的力学模型一般是用一个由带孔活塞组成的阻尼器表示，通常用符号 N 表示，称为黏性元件，其结构如图 2-3 所示。

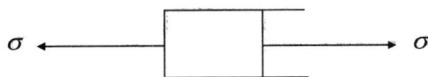

图 2-3　牛顿体力学模型结构图

牛顿体的本构关系为

$$\sigma = \eta \frac{\mathrm{d}\varepsilon}{\mathrm{d}t} = \eta\dot{\varepsilon}, \qquad (2\text{-}2)$$

其中 σ 为应力，ε 为应变，η 为牛顿黏性系数。

由式(2-2)可知,牛顿体具有以下三个性质。首先,牛顿体无瞬时变形。因为当应力 $\sigma = \sigma_0$ 为常数时,$\varepsilon = \frac{1}{\eta}\sigma_0 t$,说明应变 ε 与时间 t 有关。牛顿体的物理定义表明,若活塞在受到某一拉力时,活塞发生位移,且由于其受到黏性液体的阻力,活塞的位移会随着时间的持续而不断增大。其次,牛顿体无弹性后效,具有永久变形。因为当应力 $\sigma = 0$ 时,$\dot{\eta\varepsilon} = 0$,解该微分方程得应变 ε 为一常数。说明外力卸掉之后,应变 ε 为常数,活塞的位移立即停止,不再恢复,只有再受到一定的压力时,活塞才能回位。最后,牛顿体没有应力松弛效应。因为当应变 $\varepsilon = const$,即应变 ε 为常数时,$\sigma = \dot{\eta\varepsilon} = 0$,说明当应变保持某一恒定值时,应力 $\sigma = 0$。

从上述性质可以了解,牛顿体具有黏性流动的特点。此外,塑性变形也称为塑性流动,它与黏性流动有本质的区别:塑性流动只有当应力 σ 达到或者超过屈服极限 σ_s 时才发生,当 $\sigma < \sigma_s$ 时,完全塑性体表现出刚体的特点;而黏性流动则不需要应力超过某一定值,只要有微小的应力,牛顿体就会发生流动,且其流动量随加载时间的增加而增大。

若用胡克体、塑性体或牛顿体中的任一种基本元件单独描述岩体的力学性质,只能反映岩体的弹性、塑性或黏性中的某一种力学特征。然而,由于岩体的复杂性,现实中客观存在的岩石性质都不是单一的。因此,只有上述三种元件的组合模型,才可以对岩体的力学特性进行正确合理的分析。目前已经提出的流变组合模型有几十种,下面简要介绍两种常用的经典流变力学模型,即广义开尔文模型和伯格斯模型。

2.1.1 广义开尔文流变力学模型

广义开尔文(Generalized Kelvin)流变力学模型,简称 GK 模型,是一个元件组合模型,它由胡克体与开尔文体串联而成。如图 2-4 所示,广义开尔文模型结构图左边虚线框是胡克体,右边虚线框就是开尔文体。开尔文体是一种黏弹性体,它由胡克体与牛顿体,即一个弹簧与一个阻尼器并联而成,其蠕变方程为

$$\varepsilon_1(t) = \frac{\sigma_0}{E_1}(1 - e^{-\frac{E_1}{\eta_1}t}), \tag{2-3}$$

其中 E_1 和 η_1 分别为材料的弹性模量和牛顿黏性系数。

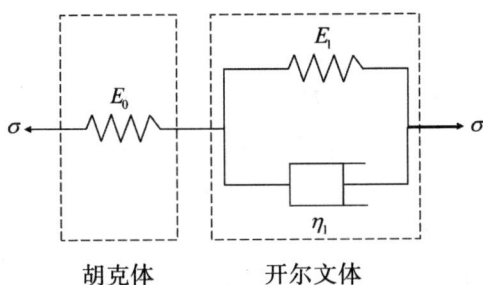

图 2-4　广义开尔文模型结构图

定义 2.1.1[①]　假设 σ 和 ε 分别为流变模型总的应力和应变;σ_1 和 σ_2 分别为胡克体和牛顿体的应力;ε_1 和 ε_2 分别为两者的应变;E_0、E_1 及 η_1 分别为材料的弹性、牛顿黏性参数。

（1）状态方程

$$\begin{cases} \sigma = \sigma_1 = \sigma_2, \\ \varepsilon = \varepsilon_1 + \varepsilon_2, \\ \sigma_1 = E_0 \varepsilon_1, \\ \sigma_2 = E_1 \varepsilon_2 + \eta_1 \dot{\varepsilon}_2 \text{。} \end{cases}$$

（2）本构方程

由状态方程可得:$\dot{\varepsilon} = \dot{\varepsilon}_1 + \dot{\varepsilon}_2$,

$$\sigma = E_1 \varepsilon_2 + \eta_1 \dot{\varepsilon}_2 = E_1(\varepsilon - \varepsilon_1) + \eta_1(\dot{\varepsilon} - \dot{\varepsilon}_1)$$

$$= E_1\left(\varepsilon - \frac{\sigma}{E_0}\right) + \eta_1\left(\dot{\varepsilon} - \frac{\dot{\sigma}}{E_0}\right)$$

$$= E_1 \varepsilon - E_1 \frac{\sigma}{E_0} + \eta_1 \dot{\varepsilon} - \eta_1 \frac{\dot{\sigma}}{E_0} \text{。}$$

可得本构方程:$\left(1 + \dfrac{E_1}{E_0}\right)\sigma + \dfrac{\eta_1}{E_0}\dot{\sigma} = E_1 \varepsilon + \eta_1 \dot{\varepsilon}$。

（3）蠕变方程

在恒定荷载 σ_0 的作用下,由于广义开尔文模型由胡克体与开尔文体两部分串联而成,其蠕变变形也由这两部分组成。对于胡克体,只有瞬时变形 $\dfrac{\sigma_0}{E_0}$;对于开尔文体,其蠕变方程为 $\varepsilon_1(t) = \dfrac{\sigma_0}{E_1}\left(1 - e^{-\frac{E_1}{\eta_1}t}\right)$。所以广义开尔文模型在恒

---

① 刘雄. 岩石流变学概论[M]. 北京:地质出版社,1994:28-44.

定荷载 σ_0 的作用下所产生的总应变值为

$$\varepsilon(t) = \frac{\sigma_0}{E_1}(1 - e^{-\frac{E_1}{\eta_1}t}) + \frac{\sigma_0}{E_0}。 \tag{2-4}$$

广义开尔文模型应用广泛,但是该模型不能很好地描述岩体在恒定荷载过程中的变形问题。基于此,徐国文[①]根据勒梅特原理提出的 GK 蠕变损伤模型,研究了材料劣化效应在岩体蠕变过程中的影响,耦合粒子群算法、鸟群算法与 FLAC3D 三种算法反演原始试验数据。另外,GK 模型和广义麦克斯韦模型还可广泛应用于沥青混合料的黏弹性的描述,张肖宁[②]指出这两个模型具有等效性。崔峰[③]根据蠕变损伤的影响,将非线性牛顿体引入 GK 模型,提出了改进的 GK 力学损伤模型。

2.1.2　伯格斯流变力学模型

目前描述岩石流变的本构模型较多,其中伯格斯(Burgers)模型能合理描述岩石衰减蠕变与稳定蠕变阶段,为工程广泛应用。伯格斯模型是一种黏弹性体,它由麦克斯韦体和开尔文体串联而成,其原理结构如图 2-5 所示。开尔文体是由一个弹簧与一个阻尼器并联而成,其蠕变方程为式(2-3)。很明显,图 2-5 右边就是开尔文体,该图左边由一个弹簧和一个阻尼器串联而成的模型就是麦克斯韦体。

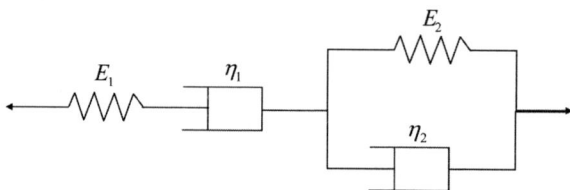

图 2-5　伯格斯模型结构图

麦克斯韦体是一种黏弹性体,其蠕变方程为

$$\varepsilon_1(t) = \frac{\sigma_0}{E_1} + \frac{\sigma_0}{\eta_1}t。 \tag{2-5}$$

①　徐国文,何川,代聪,等. 广义 Kelvin 蠕变损伤模型及其参数的智能辨识[J]. 西南交通大学学报, 2015, 50(5): 866-871.

②　张肖宁. 沥青与沥青混合料的粘弹力学原理及应用[M]. 北京: 人民交通出版社, 2006:129-130.

③　崔峰,马成卫. 基于蠕变全过程的广义凯尔文体力学损伤模型改进与验证[J]. 西安科技大学学报, 2020, 40(1): 58-63.

其中 E_1 和 η_1 为材料的黏弹性模量和牛顿黏度系数。由公式(2-5)可知，麦克斯韦模型有瞬时应变，并且随着时间的增加而增大。该模型具有瞬时变形、等速蠕变和松弛效应的性质，可反映岩石的等速蠕变。

伯格斯模型的具体定义如下。

定义 2.1.2　假设参数 σ 和 ε 分别是伯格斯流变模型的总的应变和应力；σ_1 和 σ_2 分别是胡克体和牛顿体的应力；ε_1 和 ε_2 分别为胡克体和牛顿体的应变，则

对麦克斯韦体，有：

$$\dot{\varepsilon}_1 = \frac{1}{E_1}\dot{\sigma}_1 + \frac{1}{\eta_1}\sigma_1 。$$

对开尔文体，有：

$$\sigma_2 = E_2\varepsilon_2 + \eta_2\dot{\varepsilon}_2 ,$$

且

$$\begin{cases} \sigma = \sigma_1 = \sigma_2 , \\ \varepsilon = \varepsilon_1 + \varepsilon_2 , \\ \dot{\varepsilon} = \dot{\varepsilon}_1 + \dot{\varepsilon}_2 , \end{cases}$$

则伯格斯模型的蠕变方程为

$$\varepsilon(t) = \frac{\sigma_0}{E_1} + \frac{\sigma_0}{E_2}(1 - e^{-\frac{E_2}{\eta_2}t}) + \frac{\sigma_0}{\eta_1}t , \tag{2-6}$$

其中 σ_0 是初始应力，E_1、E_2、η_1 及 η_2 分别是岩体的弹性模量和牛顿黏滞系数。

伯格斯模型通常表征具有初始瞬时蠕变、衰减蠕变以及稳定蠕变阶段的岩体的力学特性。赵洪波等[①]将支持向量机与遗传算法相结合，提出一种采用反分析的支持向量机方法，研究了岩体力学参数的辨识问题。杨逾等[②]根据勒梅特应变等价原理，开发的非线性损伤伯格斯模型有较好的拟合效果。易其康[③]为了描述盐岩的非线性蠕变特性，根据损伤因子及蠕变的影响，将伯格斯模型

　　① 赵洪波，冯夏庭. 位移反分析的进化支持向量机研究[J]. 岩石力学与工程学报，2003，22(10)：1618-1622.

　　② 杨逾，魏珂，刘文洲. 基于 Lemaitre 原理改进砂岩蠕变损伤模型研究[J]. 力学季刊，2018，39(1)：164-170.

　　③ 易其康，马林建，刘新宇，等. 考虑频率影响的盐岩变参数蠕变损伤模型[J]. 煤炭学报，2015，40(S1)：93-99.

中的线性黏壶用非线性黏壶代替,建立了改进的非线性元件组合模型。唐佳等①基于岩体蠕变力学试验对伯格斯模型进行了改进,取得较好的拟合效果。

2.2 岩体强度参数特性及预测

岩体强度是指岩体抵抗外力破坏的能力,描述岩体强度的物理量主要有抗压、抗拉和抗剪(断)强度。

岩体强度参数预测的研究可为投资少、时间紧急的中小型工程,或者应急治理等无法开展大量岩体力学试验的工程提供参考;指导经验缺乏的刚从事工程地质专业的技术人员,辅助其判定岩体力学性质。研究岩体强度参数的主要目的是为大坝、边坡、地下洞室等岩体的稳定性分析提供强度参数。因此,能否对岩体强度参数进行准确合理的预测,直接影响岩体自身承载能力、加固和支护的工程安全及工程费用,具有重要的理论和现实意义。影响岩体抗剪强度的因素很多,岩性、岩体本身的强度、结构面状态、节理发育程度、风化程度等都对岩体抗剪强度有很大影响。

当荷载增大,岩体的应力-应变关系由弹性阶段逐渐进入塑性阶段,继续加载,受力状态由无损状态逐渐进入有损状态。岩体进入塑性阶段早于进入损伤状态,即岩体处于无损状态时的应力-应变关系是从弹性阶段进入塑性阶段,需要引入屈服准则进行判断。屈服准则除了用来判断岩体是否进入塑性状态外,也用来对应力进行塑性修正。因此,无论岩体处于有损状态还是处于无损状态,均需要考虑屈服准则。

2.2.1 Hoek-Brown 强度准则

在众多岩体强度参数取值方法中,Hoek-Brown 经验强度准则是用于预测岩石破裂的经验公式,自 1980 年提出后便很快为岩土工程界所接受。Hoek-Brown 强度准则起初是为了给在坚硬岩层条件下进行地下开采设计分析提供输入参数而引入的破坏准则,现已广泛应用于矿业工程行业。由于在整个破坏

---

① 唐佳,彭振斌,何忠明. 基于岩体蠕变试验的 Burgers 改进模型[J]. 中南大学学报(自然科学版),2017,48(9):2414-2424.

过程中未起重要作用的结构面的分布形式是杂乱无章的,若不考虑岩体破坏的方向,假定完整岩石的破坏只是由岩块平移或旋转控制,那么岩体被认为是均质的。该准则最大的贡献在于给岩土工程师提供了定量分析岩体强度参数的预测方法,把岩体应力状态和 Bieniawski 的岩体质量指标及地质强度指标理论以方程的形式联系起来。

Hoek-Brown 强度准则是将未扰动岩体的脆性破坏研究结果和具有节理岩体特性的模型综合研究后派生出来的结论。首先是研究完整岩体特性,接着在单个岩体的节理特性的基础上引入折减系数进行研究。其适用于在法向拉力下的格里菲斯(Griffith)强度理论和法向压力下的破坏条件,用抛物线来拟合破坏时的实测数据,提出用于确定开挖岩体强度的经验准则。

Hoek-Brown 强度准则是结合岩石特性方面的理论和实践经验,在参考格里菲斯经典强度理论的基础上,通过几百组岩石三轴试验资料和大量岩体现场试验成果的统计分析,提出的岩体非线性破坏经验准则,得到的岩石破坏时有效主应力之间的关系式如下:

$$\sigma'_1 = \sigma'_3 + \sigma_{ci}\left(m\frac{\sigma'_3}{\sigma_{ci}} + s\right)^a。 \tag{2-7}$$

其中,σ'_1 和 σ'_3 分别为破坏时的最大和最小有效应力(MPa);σ_{ci} 为完整岩块的单轴抗压强度(MPa);m、s 和 a 为反映岩体岩质和构造的材料常数,取决于岩石性质以及达到 σ'_1 和 σ'_3 之前岩石的破坏程度。m 是完整岩石岩性系数 m_i 的消减值,其取值范围为 0.001~25。对严重扰动的岩体,取 $m_i = 0.001$;对坚硬完整的岩块,取 $m_i = 25$。s 和 a 的取值范围为 0~1,其中对完整岩石取 $s = 1$,对于有破损的岩石取 $s < 1$。

Hoek-Brown 准则中的参数 m、s 和 a 是无量纲系数,既能评价岩体质量好坏,又是计算岩体强度参数十分重要的经验参数。实际应用强度准则时,参数 m、s 和 a 取值恰当与否,直接关系到利用该准则做出判断的准确性。如何客观准确地确定这几个参数至关重要,其值的大小取决于岩石的矿物成分,岩体中结构面的发育程度、几何形态、地下水状态、充填物性质等。

Hoek-Brown 强度准则的不足之处在于,该准则只适用于将岩体看作是均质和各向同性的完整岩体或者是严重节理化岩体的理想状态。而完整岩体与不连续面相结合的岩体必须用等效强度描述,并且在提出扰动和未扰动岩体的前提下,只能经验判断其分界值,而不能定量分析扰动程度,限制了强度准则在实际工程中的应用。

为了适应不同应力条件、不同质量岩体并方便工程应用,Hoek 在 2002 年作了进一步的修正,提出了基于地质强度指标(geological strength index,GSI)的 Hoek-Brown 强度准则,也称为广义 Hoek-Brown 强度准则。地质强度指标 GSI 是霍克和布朗基于岩体结构的视觉印象提出的一种围岩分级系统。该指标是判断岩体强度的一个量化指标,是在岩体结构和结构面特征的基础上研究岩体力学参数的一种岩体分类体系。通过对岩体的观测及其力学性质的研究预测出岩体的强度,其判断取决于岩体的裂隙、节理面质量和岩体结构发育程度,这三者都与岩体的强度有着密不可分的关系。

广义 Hoek-Brown 强度准则经验公式为

$$\sigma'_1 = \sigma'_3 + \sigma_{ci}\left(m_i e^{\frac{GSI-100}{28-14D}}\frac{\sigma'_3}{\sigma_{ci}} + e^{\frac{GSI-100}{9-3D}}\right)^{\frac{1}{2}+\frac{1}{6}(e^{-\frac{GSI}{15}}-e^{-\frac{20}{3}})},$$

也就是公式(2-7)中的

$$m = m_i \exp\left\{\frac{GSI-100}{28-14D}\right\},$$

$$s = \exp\left\{\frac{GSI-100}{9-3D}\right\},$$

$$a = \frac{1}{2} + \frac{1}{6}\left(\exp\left\{-\frac{GSI}{15}\right\} - \exp\left\{-\frac{20}{3}\right\}\right)$$

的情形。其中地质强度指标,即 GSI 表征岩体破碎程度及岩块镶嵌结构;m_i 是完整岩石的岩性系数,可通过查表得到;D 是岩体遭受破坏和应力释放而引起扰动程度的一个衡量因子。

基于地质强度指标提出的广义 Hoek-Brown 强度准则,用来估计不同地质条件下的岩体强度,它根据岩体结构、岩体中岩块的嵌锁状态和岩体中不连续面质量,综合各种地质信息进行估值。突破了岩体质量指标(rock mess rating,RMR)法在质量极差的破碎岩体结构中无法提供准确值的局限性,因而是一种更实用的方法。RMR 法,也称岩体质量指标,是岩体力学中的岩石分类方法,即岩体地质力学分类。

一般地,岩体抗剪强度参数黏结力 c'(MPa)和内摩擦角 φ'(°)与 RMR 值有关,根据所得 RMR 值可以得到 c' 和 φ' 的大小,线性拟合 RMR 值与 c' 和 φ' 的预测方程为:

$$c' = 0.04RMR,$$

$$\varphi' = \begin{cases} 0.17RMR + 31.67, RMR > 20, \\ 1.75RMR, RMR \leqslant 20 。 \end{cases}$$

根据 RMR 值与 c' 和 φ' 的关系,对其权值进行连续性修正,避免了 c' 预测过于保守而 φ' 部分值较大的不足,并由此得出预测方程:

$$c' = 0.07RMR,$$

$$\varphi' = \begin{cases} 0.4RMR + 15, RMR > 20, \\ 1.15RMR, RMR \leqslant 20 。 \end{cases} \tag{2-8}$$

因此,在岩体力学参数预测方面,可以通过公式(2-8)对岩体强度参数进行估算。

广义 Hoek-Brown 强度准则的不足之处在于,对强度准则参数的选取应慎重,该准则不适用于岩体质量极差的破碎岩体。

2.2.2　摩尔-库仑屈服准则

岩石在成岩过程中容易形成节理和断层等构造,这些构造非常容易导致岩体各向异性。然而,经典弹性力学并不能合理解释岩体的这些力学行为。在岩体力学模型的本构关系中,如何正确反映岩体结构及其构造的影响,是岩土工程中的一个重要课题。1960 年,Jeager 首次提出岩体的横观各向同性屈服准则,后来很多学者在此屈服准则的基础上进行了补充和修正。近年来,不少研究人员根据张量理论,基于损伤力学探讨了基于强度准则预测岩体强度参数的方法。例如,You[1] 基于三轴应力状态的特点对指数强度准则进行了研究。目前,针对强度参数预测的力学表达式和应用软件基本上都是结合摩尔-库仑屈服准则给出的。

摩尔-库仑(Mohr-Coulomb,简称 M-C)屈服准则,能较好地描述岩体的破坏行为,是较适合于岩土工程强度分析的屈服准则,也是目前岩体力学中应用时间最长的强度准则。无论是关联流动还是非关联流动的摩尔-库仑屈服准则,都被广泛地应用于岩土工程分析中。虽然还有更复杂的本构关系可用于预

---

[1]　YOU M Q. Mechanical characteristics of the exponential strength criterion under conventional triaxial stresses[J]. International Journal of Rock Mechanics and Mining Sciences,2010,47(2):195-204.

测岩石实际行为,但是均没有得到大家的认可。这是因为摩尔-库仑模型有两个其他屈服准则无法比拟的优点:(1)摩尔-库仑准则中所有参数都有具体的物理意义;(2)摩尔-库仑准则中所有参数值都可通过一般的试验进行估算。因此,摩尔-库仑屈服准则相对于其他强度准则来说使用更简便。

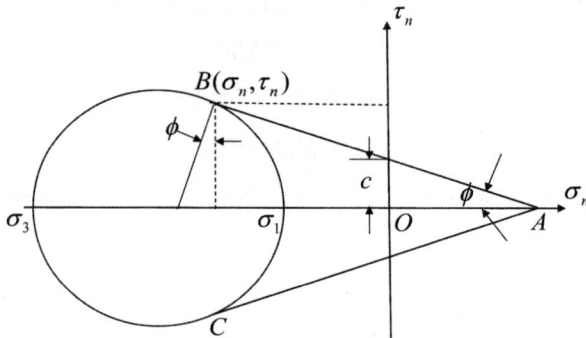

图 2-6　摩尔-库仑屈服准则

如图 2-6 所示,摩尔-库仑屈服函数的表达式为:

$$\tau_n = c + \sigma_n \tan\varphi, \tag{2-9}$$

其中,参数 c 表示岩体屈服时的内聚力,φ 表示岩体屈服时的内摩擦角,τ_n 表示抗剪强度,σ_n 表示滑移面上的切应力。

在图 2-6 中,当岩体中某点在某一平面 N 上发生滑移或剪切时,作用在平面 N 上的抗剪强度 τ_n 除了要克服岩体固有的内聚力 c 外,还要克服作用于平面 N 上的切应力 σ_n 形成的摩擦力。

由式(2-9)可知,岩体的抗剪强度取决于岩体的内聚力 c 和内摩擦角 φ,这两个参数也称为岩体强度参数。由 Mohr 定理,当岩体在应力作用下沿着某一个平面产生破坏时,那么在该平面内存在一定的正应力 σ_n 和剪应力 τ_n 的组合。此时,参数 σ_n 和 τ_n 的表达式分别为:

$$\begin{cases} \tau_n = 0.5(\sigma_1 - \sigma_3) \cdot \cos\varphi, \\ \sigma_n = 0.5(\sigma_1 + \sigma_3) + 0.5(\sigma_1 - \sigma_3) \cdot \sin\varphi. \end{cases} \tag{2-10}$$

将式(2-10)代入式(2-9)可得岩体在塑性变形下的 M-C 屈服准则。若以拉应力为正方向,则三维主应力坐标下和 π 平面上的摩尔-库仑准则如图 2-7 所示,摩尔-库仑屈服函数为:

$$F = 0.5(\sigma_1 - \sigma_3) + 0.5(\sigma_1 + \sigma_3) \cdot \sin\varphi - c\cos\varphi = 0, \tag{2-11}$$

其中 $0.5(\sigma_1 + \sigma_3) \cdot \sin\varphi$ 可表示静水压力对摩尔-库仑准则的影响。

式(2-11)能够反映岩体的塑性变形,故摩尔-库仑屈服准则在岩土工程中应用广泛。

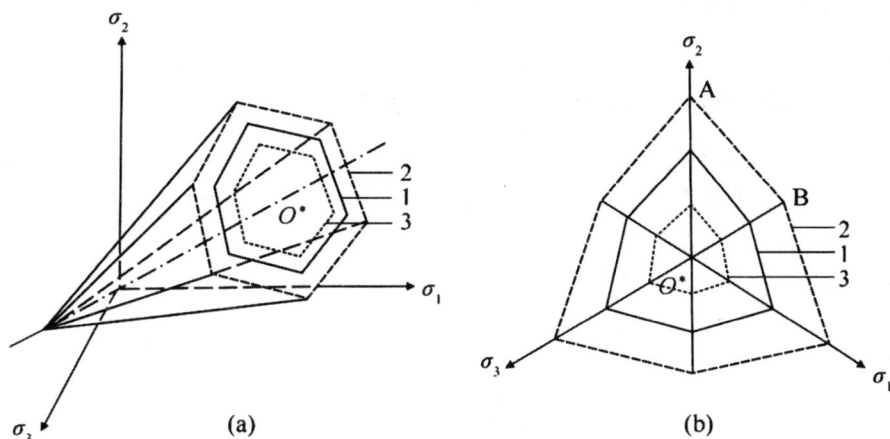

图 2-7　应力空间和 π 平面上的摩尔-库仑屈服准则[①]

若用等效压应力 p、应力洛德角 θ 及范式等效应力 q 表示屈服函数,则式(2-11)的 M-C 屈服函数可表示为:

$$F = -p\sin\varphi + \frac{q}{\sqrt{3}}K(\theta) - c\cos\varphi = 0,\qquad(2\text{-}12)$$

其中参数 p、q、θ 的表达式分别为:

$$\begin{cases} p = \dfrac{\sigma_1 + \sigma_2 + \sigma_3}{3} = -\dfrac{J_1}{3}, \\[2mm] q = \sqrt{\dfrac{3}{2}(s_x^2 + s_y^2 + s_z^2) + \tau_{xy}^2 + \tau_{xz}^2 + \tau_{yz}^2} = \sqrt{3J_2}, \\[2mm] \theta = \dfrac{1}{3}\sin^{-1}\left(-\dfrac{27}{2}\cdot\dfrac{J_3}{q^3}\right), -30° \leqslant \theta \leqslant 30°. \end{cases}\qquad(2\text{-}13)$$

其中,参数 J_1 表示应力第一不变量;J_2 表示偏应力第二不变量;J_3 表示偏应力第三不变量。

式(2-13)中各坐标轴的主偏应力 s_x、s_y、s_z 的表达式分别为:

---

① 胡建林, 孙利成, 崔宏环, 等. 修正摩尔库仑模型下的深基坑变形数值分析[J]. 辽宁工程技术大学学报(自然科学版), 2021, 40(2): 134-140.

$$\begin{cases} s_x = \sigma_1 + p, \\ s_y = \sigma_2 + p, \\ s_z = \sigma_3 + p. \end{cases}$$

其中,s_x 表示 x 轴向的主偏应力;s_y 表示 y 轴向的主偏应力;s_z 表示 z 轴向的主偏应力。

偏应力第三不变量 J_3 与主偏应力的关系为:

$$J_3 = s_x s_y s_z + 2\tau_{xy}\tau_{xz}\tau_{yz} - s_x\tau_{yz}^2 - s_y\tau_{xz}^2 - s_z\tau_{yz}^2.$$

主应力大小关系为 $\sigma_3 \leqslant \sigma_2 \leqslant \sigma_1$,用不变量表示主应力可得:

$$\begin{cases} \sigma_1 = -\dfrac{3}{2}q\sin(\theta + 120°) - p, \\[2mm] \sigma_2 = \dfrac{3}{2}q\sin(\theta) - p, \\[2mm] \sigma_3 = \dfrac{3}{2}q\sin(\theta - 120°) - p, \end{cases}$$

即可得到 $K(\theta)$ 的表达式如下:

$$K(\theta) = \cos\theta - \frac{1}{\sqrt{3}}\sin\varphi\sin\theta.$$

通过上述式子得到的应力不变量表示的摩尔-库仑屈服准则,即公式(2-12),有利于编写程序时对应力的广义化处理。

从图 2-7 可以明显地看到,摩尔-库仑屈服准则在 π 平面上的虚线部分是等边但不等角的六边形;在主应力空间中则是六棱锥体。因此,该准则有着不容忽视的弊端:摩尔-库仑屈服曲线棱角点处的数值计算存在奇异点,且屈服函数沿曲面外法线方向的导数在交点处存在不连续问题,具有突出的应力洛德角效应。因此用摩尔-库仑屈服准则预测岩体强度参数时容易出现不收敛等稳定性问题。

2.3 岩体变形参数特征及预测

岩体变形,一般是指在单轴或者三轴压缩情形下岩体的变形曲线、剪切、各向异性、流变、扩容变形等。通常用变形模量、弹性模量、泊松比等参数描述岩体变形,其中岩体变形模量是指具有弹性和非弹性性能的岩体在加荷时应力与应变的比值。在分析岩体变形特性时,岩体变形模量是一个非常重要的参数,一般要通过现场试验来确定。岩体变形模量是通过现场载荷试验求得的压缩性指标,即在部分侧限条件下,其应力增量与相应的应变增量的比值,能较为真实地反映出天然岩体的变形特性。但利用现场试验直接确定岩体的变形模量时,存在时间长、代价高、试验结果可靠性差、深层岩体的载荷试验在技术上极为困难等问题。为此,不少研究者提出了在岩体质量分级基础上,运用经验公式估算岩体变形模量的方法。如应用 RMR 或 GSI 等值对岩体的变形模量进行预测。

下面简要介绍基于 RMR 值和 GSI 值的岩体变形模量预测方法。

2.3.1　基于 RMR 指标的岩体变形模量预测

在实际岩土工程中,岩体质量评价是岩体自然特性的反映。岩体变形模量是岩土工程研究中的重要参数,由于岩体中软弱结构面的存在,使得岩体的变形模量比岩石试块的变形模量低得多。在岩体力学参数的原位试验受到条件限制时,目前有效的研究方法是根据岩体分类,利用已有的经验公式进行估算。

岩体质量指标 RMR,是岩体力学中的岩石分类方法,即岩体地质力学分类。该分类是南非科学和工业研究委员会(CSIR)的委员 Bieniawski 于 1978 年在解决坚硬节理岩体中浅埋隧道工程中出现的岩体变形参数问题时提出的 CSIR 岩体地质力学分类指标值。

在实际岩土工程中,可根据岩体 RMR 分类值,基于目前常用的经验公式对岩体变形模量进行预测。RMR 值包含岩块强度、RQD 值、节理间距、节理条件和地下水这五个参数。分类时,根据各类参数的实测资料,按照标准分别评分;然后将各类参数的评分值相加得岩体质量总分 RMR 值;再按节理分类对其进行修正;最后,按总分求得所研究岩体的类别,用修正后的 RMR 值将岩体分级;以及求得相应的无支护下工程的自稳时间和两个岩体强度指标,即黏结力 c' 和内摩擦角 φ' 的值。一般情况下,由于岩体抗剪强度参数黏结力 c'(MPa) 及内摩擦角 φ'(°) 与 RMR 值有关。Bieniawski 根据所得 RMR 值得到 c' 和 φ' 值的大小,建立了岩体变形模量与地质力学得分值 RMR 之间的关系式。该岩体分类方案可以很好地把经验准则同地质勘察资料有效结合起来。

由 Bieniawski 提供的数据建立的岩体变形模量 E_m(GPa) 与 RMR 的关系式如下:

$$E_m = 2RMR - 100。$$

然而当 RMR 值小于 50 的情况下，无法由上式计算岩体的变形模量参数值。因此，学者们提出了 RMR 值小于 50 时岩体变形模量预测公式，扩大了该式的应用领域，使之可以应用到整个 RMR 值范围，其关系式如下：

$$E_m = 10^{\frac{RMR-10}{40}}。 \tag{2-14}$$

很明显，在研究中发现当 RMR 值小于 50 时，即可采用公式（2-14）计算岩体变形模量参数值。

学者们还在试验 RMR 值的基础上还提出了一种由岩块的弹性模量 E_{int} 计算岩体弹性模量 E_m（GPa）的经验公式：

$$E_m = [0.028RMR^2 + 0.9e^{\frac{RMR}{22.82}}]E_{int}。$$

然而，由于 RMR 无法将现场地质勘察情况与破坏准则进行有机结合，尤其是不能对质量恶劣的破碎岩体给出变形模量的精确取值，这也导致了基于 RMR 值的变形模量预测方法的不足。

2.3.2 基于 GSI 的岩体变形模量预测

地质强度指标 GSI 值是判断岩体强度的一个量化指标，是在岩体结构和结构面特征的基础上研究岩体力学参数的一种岩体分类体系。考虑到岩体的表面及其地质状况，通常可以把岩体的 GSI 值赋值定量分析。与采用岩体分类 RMR 值的方法相比，GSI 值是一个更实用的参数，可以从现场观测中估算岩体的强度。但是研究人员发现，在岩体分类过程中需要的时间太长，所以该方法存在一定的局限性。

Hoek 等根据岩体经验强度准则，采用 GSI 值计算了岩体的变形模量。其通过进一步研究，给出了 $\sigma_{ci} \leqslant 100$ MPa 时的修正公式，并提出了岩体变形模量 E_m（GPa）与 GSI 的表达式如下：

$$E_m = \sqrt{\frac{\sigma_{ci}}{100}} 10^{\frac{GSI-10}{40}}。$$

引入开挖弱化因子 D_e 后，基于广义 HB 准则得到岩体变形模量 E_m 与 $GSMR$ 和 D_e 的关系式如下：

$$\begin{cases} E_m = \left(1 - \dfrac{D_e}{2}\right)\sqrt{\dfrac{\sigma_{ci}}{100}} 10^{\frac{GSMR-10}{40}}, & \sigma_{ci} \leqslant 100 \text{ MPa}, \\ E_m = \left(1 - \dfrac{D_e}{2}\right) 10^{\frac{GSMR-10}{40}}, & \sigma_{ci} > 100 \text{ MPa}。 \end{cases}$$

同理,引入锚固增强因子 B_s 后,基于广义 HB 准则得到岩体变形模量 E_m 与 $GSMR$ 和 B_s 的关系式如下:

$$\begin{cases} E_m = (1 - \dfrac{B_s}{2}) \sqrt{\dfrac{\sigma_{ci}}{100}} 10^{\frac{GSMR-10}{40}}, \sigma_{ci} \leqslant 100 \text{ MPa}, \\ E_m = (1 - \dfrac{B_s}{2}) 10^{\frac{GSMR-10}{40}}, \sigma_{ci} > 100 \text{ MPa}。 \end{cases}$$

同时,Hoek 和 Diederichs[①] 基于

$$y = c + \frac{a}{1 + e^{-\frac{x-x_0}{b_1}}}, \tag{2-15}$$

式(2-15)的 S 型函数(其中参数 a, b 和 c 是常数),根据大量的原始试验数据提出了岩体变形模量 E_m 和 GSI 的关系式:

$$E_m = 100000 \cdot \left[\frac{1 - \dfrac{D}{2}}{1 + e^{\frac{75+25D-GSI}{11}}} \right], \tag{2-16}$$

其中,参数 D 能表征岩体在遭受破坏或应力松弛时的扰动程度。当 $D=0$ 时,表示该岩体为非扰动岩体;当 $D=1$ 时,表示该岩体为扰动岩体。利用完备岩块单轴抗压强度 σ_{ci} 和模数比 MR(modulus ratio)的关系,可得岩体变形模量和完整岩石变形模量的关系式如下:

$$E_m = E_i \cdot \left[0.02 + \frac{1 - \dfrac{D}{2}}{1 + e^{\frac{60+15D-GSI}{11}}} \right], \tag{2-17}$$

其中 $E_i = MR \cdot \sigma_{ci}$, MR 为变形系数, E_i 为完整岩石的变形模量(MPa)。

然而,在 GSI 指标的取值表中,对岩体结构和结构面的特征描述不仅缺少可测量的典型力学参数,而且还缺少对结构面间距的限定或者级别划分,这些不足之处使得每个岩体类别的 GSI 值都只能有一个大致的范围,而不是精确的数值。正因为如此,基于 GSI 值的岩体变形模量预测的不足之处在于,该方法对于试验人员的经验有较高的要求,因为不同的地质工作者对相同的岩体会有不同的 GSI 估算值,地质工作者的经验丰富与否与变形模量预测的精度有很大关系。基于此,该变形模量的预测方法还需要在长期的工程实践中不断总结和修正。

---

① HOEK E, DIEDERICHS M S. Empirical estimation of rock mass modulus[J]. International Journal of Rock Mechanics and Mining Sciences,2006,43(2):203-215.

2.4 岩体脆性指数特征及评价方法

脆性指数作为岩体的重要力学指标,主要体现在微小的形变就能使其破坏,反映了荷载作用下岩体的变形以及破裂特性,在岩土工程稳定性评价中有重要意义。例如,在高应力下的岩土工程中,岩体的脆性特征是影响岩爆以及冲击地压等灾害的重要因素;采用 TBM 法对岩质隧道钻掘时,脆性为表征岩石可钻性的重要指标,对隧道工程进度以及造价有着决定性的作用;在油气开采领域,岩体脆性也是评价储层性质的重要指标。因此,准确评价岩体的脆性特征对工程建设、防灾减灾等方面具有指导意义。

目前,国内外学者根据不同的研究方法与手段,开展了大量岩体脆性指标评价工作,分别从岩石的强度、硬度、应力应变特征等方面表征脆性指数,并提出了常用的脆性指数计算公式。这些公式大致分为三类:基于岩体强度的脆性指数评价方法、基于应力-应变曲线的脆性指数评价方法和基于岩体试验的脆性指数评价方法,详情如下。

2.4.1 基于岩体强度的脆性指数评价方法

由于岩体单轴抗压强度和劈裂抗拉强度获得的方法都较为简便,因此基于岩体强度参数的脆性指数评价方法被广泛使用,而且这种脆性指数评价指标也广泛应用于岩体岩爆判别中。根据岩体单轴抗压强度以及劈裂抗拉强度可以得到 4 种脆性指数的计算公式:

$$B_1 = \sigma_c / \sigma_t, \tag{2-18}$$

$$B_2 = (\sigma_c - \sigma_t) / (\sigma_c + \sigma_t), \tag{2-19}$$

$$B_3 = \sigma_t \sigma_c / 2, \tag{2-20}$$

$$B_4 = \sqrt{\sigma_t \sigma_c / 2}, \tag{2-21}$$

其中 σ_c 为单轴抗压强度,σ_t 为劈裂抗拉强度。

为验证岩石强度参数能否具体表征脆性指数,周辉等[1]研究发现,岩石抗

---

[1] 周辉,孟凡震,张传庆,等. 基于应力-应变曲线的岩石脆性特征定量评价方法[J]. 岩石力学与工程学报,2014,33(6):1114-1122.

压强度与抗拉强度基本呈正相关,然而不同脆性岩石之间也可能存在相同的压拉比。式(2-18)中的 B_1 和式(2-19)的 B_2 只能在一定程度上反映岩体的**脆性特征**,而更多反映的是岩体的强度特征。夏英杰等[①]对式(2-20)中的 B_3 和式(2-21)中的 B_4 与抗压强度之间的关系进行了研究,发现 B_3 与单轴抗压强度呈二次相关,而 B_4 则与单轴抗压强度呈线性关系。王宇等[②]研究发现,岩石起裂应力水平与基于强度的脆性指标之间存在必然的联系,由此定义了新的**脆性指数**,即式(2-22)中的 B_5 及式(2-23)中的 B_6。

$$B_5 = \sigma_c/\sigma_t = 8\sigma_c/\sigma_{ci} = 8/K, \tag{2-22}$$

$$B_6 = (\sigma_c - \sigma_t)/(\sigma_c + \sigma_t) = (8-K)/(8+K), \tag{2-23}$$

其中,σ_c 为单轴抗压强度,σ_t 为劈裂抗拉强度,σ_{ci} 为起裂应力,K 为起裂应力水平。

由此可见,基于岩体强度的脆性指数评价主要反映的是岩体强度特征,在定量分析脆性特征上并不敏感。

2.4.2 基于应力-应变曲线的脆性指数评价方法

目前,基于应力-应变曲线评价岩体脆性指数的方法被广泛应用。Altindag[③] 根据应力-应变曲线中峰值强度、残余强度及其所对应的峰值应变和残余应变,分别提出了脆性指数评价方法,即式(2-24)中的 B_7 与式(2-25)中的 B_8。

$$B_7 = (\tau_p - \tau_r)/\tau_p, \tag{2-24}$$

其中 τ_p 为峰值抗压强度,τ_r 为残余抗压强度。

$$B_8 = (\varepsilon_p - \varepsilon_r)/\varepsilon_p, \tag{2-25}$$

其中 ε_p 为峰值应变,ε_r 为残余应变。

然而,脆性指数估算方法 B_7 认为峰后应力降幅大则其表现为高脆性,该方法仅仅考虑了峰后应力降幅大小,却忽略了峰后应力跌落速率对岩石脆性的影响。相应地,脆性指数估算方法 B_8 认为应力跌落快,则岩石表现为高脆性,其

---

① 夏英杰,李连崇,唐春安,等.基于峰后应力跌落速率及能量比的岩体脆性特征评价方法[J].岩石力学与工程学报,2016,35(6):1141-1154.

② 王宇,李晓,武艳芳,等.脆性岩石起裂应力水平与脆性指标关系探讨[J].岩石力学与工程学报,2014,33(2):264-275.

③ ALTINDAG R. Assessment of some brittleness indexes in rock drilling efficiency[J]. Rock Mechanics and Rock Engineering,2010,43(3):361-370.

只考虑了峰后应力跌落速率。

基于岩体在加载过程中可恢复的应变与总应变之比,再根据岩石单轴抗压强度及劈裂抗拉强度,可得到另外一种类型的脆性指数估算方法,即式(2-26)中的 B_9。

$$B_9 = \varepsilon_r / \varepsilon, \tag{2-26}$$

其中 ε_r 为加载后可恢复应变,ε 为加载过程总应变。

基于可恢复应变能与总应变能之比提出的脆性指数公式,即式(2-27)中的 B_{10}。

$$B_{10} = W_r / W, \tag{2-27}$$

其中 W_r 为可恢复应变能,W 为总应变能。

B_9 与 B_{10} 这两种方法都需要加卸载试验中的可恢复应变值来确定岩体脆性指数,但由于岩石内部构造的差异导致确定岩石卸荷点难度较大,难以精确获取所需参数。

因此,Tarasov 和 Potvin[1] 基于试验加载过程中能量比的关系,对式(2-27)进行简化,提出了两个脆性指数计算公式,即式(2-28)中的 B_{11} 和式(2-29)中的 B_{12}。

$$B_{11} = dW_r / dW_e = (M - E) / M, \tag{2-28}$$

其中,W_r 为可恢复应变能,W 为总应变能,E 为峰前弹性模量,M 为峰后弹性模量。

$$B_{12} = dW_a / dW_e = E / M。 \tag{2-29}$$

另外,李庆辉等[2]提出一种考虑应力-应变全过程的脆性指数评价方法 B_{13},如公式(2-30)所示。

$$B_{13} = (\varepsilon_{BRIT} - \varepsilon_n) / (\varepsilon_m - \varepsilon_n) + \alpha CS_{BRIT} + \beta CS_{BRIT} + \eta, \tag{2-30}$$

其中,$CS_{BRIT} = \varepsilon_p (\sigma_p - \sigma_r) / \sigma_p (\varepsilon_r - \varepsilon_p)$;$\varepsilon_{BRIT}$ 为岩样峰值应变,ε_m 为最大峰值应变参考值,ε_n 为最小峰值应变参考值,α、β、η 均为标准化系数;σ_p 为峰值应力,σ_r 为残余应力,ε_p 为峰值应变,ε_r 为残余应变。

该方法基于峰值应变指数考虑,即峰值应变越大,则岩体脆性指数越大,却

————————————

[1]　TARASOV B, POTVIN Y. Universal criteria for rock brittleness estimation under triaxial compression[J]. International Journal of Rock Mechanics and Mining Sciences, 2013(59): 57-69.

[2]　李庆辉,陈勉,金衍,等. 页岩脆性的室内评价方法及改进[J]. 岩石力学与工程学报,2012, 31(8): 1680-1685.

未考虑岩体在破坏时,应变越小,脆性指数越大的特征。同时,式(2-30)给出的峰后应力跌落时提出的 3 个标准系数并没有明确的取值方式,实际运用较为困难。

2.4.3　基于岩体试验的脆性指数评价方法

不少研究者基于岩体硬度测试试验,根据冲击试验后岩体的破坏程度确定其脆性程度,从而得到了两个脆性指数评价方法,即式(2-31)中的 B_{14} 和式(2-32)中的 B_{15}。

$$B_{14} = S_{20}, \tag{2-31}$$

其中 S_{20} 为粒径小于 11.2 mm 的碎屑所占百分比。

$$B_{15} = q\sigma_c, \tag{2-32}$$

其中 q 为粒径小于 0.6 mm 的碎屑所占百分比,σ_c 为单轴抗压强度。

另外,有一部分研究人员分析了岩体贯入试验的结果对岩体脆性程度的影响,从而提出两个脆性指数评价指标,即式(2-33)中的 B_{16} 和式(2-34)中的 B_{17}。

$$B_{16} = F_{max}/P, \tag{2-33}$$

其中 F_{max} 为最大冲击载荷,P 为贯入深度。

$$B_{17} = P_{dec}/P_{inc}, \tag{2-34}$$

其中 P_{dec} 为增量载荷,P_{inc} 为衰减载荷。

但由于此类试验设备昂贵,资金消耗庞大,需要大量样本,现场试验误差偏大,并且尚未考虑岩体破坏后的情况,导致基于冲击试验和贯入试验的脆性特征评价方法难以被广泛应用。

2.5　灰色预测模型

灰色系统理论是一门研究具有数据量有限、不连续特征的不确定性理论的新兴学科。该理论根据灰色信息覆盖原理、灰色关联分析,通过序列累加(累减)生成和灰色模型,探索事物运动的现实规律,其特点是“少数据建模”。经过几十年的发展,灰色系统理论已初步建立了一整套学科的理论结构,尤其是灰色预测模型和灰色关联度分析在各个研究领域都有非常广泛的应用,成功地解决了生产、科研、管理中的大量问题,展现出了重要的理论及应用价值,得到了国内外学者们的认可和关注。

灰色预测模型通过把分散在时间轴上的离散数据看成一组连续变化的序列,采用累加或者累减的方式,将灰色系统中的未知因素弱化,强化已知因素的影响程度,从而构建出一个以时间为变量的连续微分方程,然后根据实际情况将该微分方程离散化,最后通过数学方法确定方程中的参数,从而实现预测的目的。GM(1,1)作为灰色预测模型的核心,在实际应用中不断被拓展,由单变量转化为多变量等建模思想也在不断改进,建模方法也在不断更新。因此,灰色预测模型非常适用于解决具有破坏性特点的小样本岩体力学试验的参数辨识及预测问题。

2.5.1 灰色累加生成算子

灰色累加生成算子是灰色预测模型建模的关键技术之一,其主要方法是将岩体力学试验数据进行依次累加,从而消除或削弱原始序列的随机性,挖掘原始数据中的潜在规律。灰色累加生成是灰色建模技术的基本处理方法,对累加序列处理完成后,再利用累减生成便可将数据还原为原始状态。灰色累加生成算子的定义如下:

定义 2.5.1[①] 假设 $\boldsymbol{X}^{(0)}=(X^{(0)}(1),X^{(0)}(2),\cdots,X^{(0)}(t))$ 为原始观测值,则 $\boldsymbol{X}^{(0)}$ 的一阶累积生成算子 1-AGO 为

$$X^{(1)}(t)=X^{(0)}(1)+X^{(0)}(2)+\cdots+X^{(0)}(t)=\sum_{m=1}^{t}X^{(0)}(m)(t=1,2,\cdots,n)。$$

$$(2\text{-}35)$$

特别地,当 $t=1$ 时,$X^{(1)}(1)=X^{(0)}(1)$。

显然,

$$X^{(1)}(t)-X^{(1)}(t-1)$$
$$=X^{(0)}(1)+X^{(0)}(2)+\cdots+X^{(0)}(t)-[X^{(0)}(1)+X^{(0)}(2)+\cdots+X^{(0)}(t-1)]$$
$$=X^{(0)}(t)$$

可看成是 1-AGO 序列的逆算子,称为累减生成算子,记为 1-IAGO[②]。即 1-IAGO 为两个相邻 1-AGO 的差,故该逆算子可将 1-AGO 还原为原始数据。

――――――――――
① 肖新平,毛树华. 灰预测与决策方法[M]. 北京:科学出版社,2013:26-27.
② 刘思峰. 灰色系统理论及其应用[M]. 8 版. 北京:科学出版社,2017:42-44.

比如,若盐岩蠕变试验数据 X_0 为:

$X_0 = (-0.0244, -0.0268, -0.0257, -0.0297, -0.0305, -0.0290,$ $-0.0303, -0.0317, -0.0294, -0.0322)$ [①],

则其 1-AGO 序列 X_1 为:

$X_1 = (-0.0244, -0.0512, -0.0769, -0.1065, -0.1371, -0.1661,$ $-0.1964, -0.2281, -0.2575, -0.2897)$。

两个序列的对比曲线如图 2-8 所示。

从图 2-8 的两个散点图中可以很清楚地看到,该图左边的原始试验数据 X_0(红色曲线)是不规则的序列,其变化趋势不明显。而该图右边的序列 X_1(蓝色曲线),即为 X_0 的 1-AGO 算子,是一个单调递减序列,其变化趋势非常明显。因此,累加生成算子是将灰度白化的一种方法,它可以充分揭示隐藏在原始混沌序列中的变化特征和整合规律。

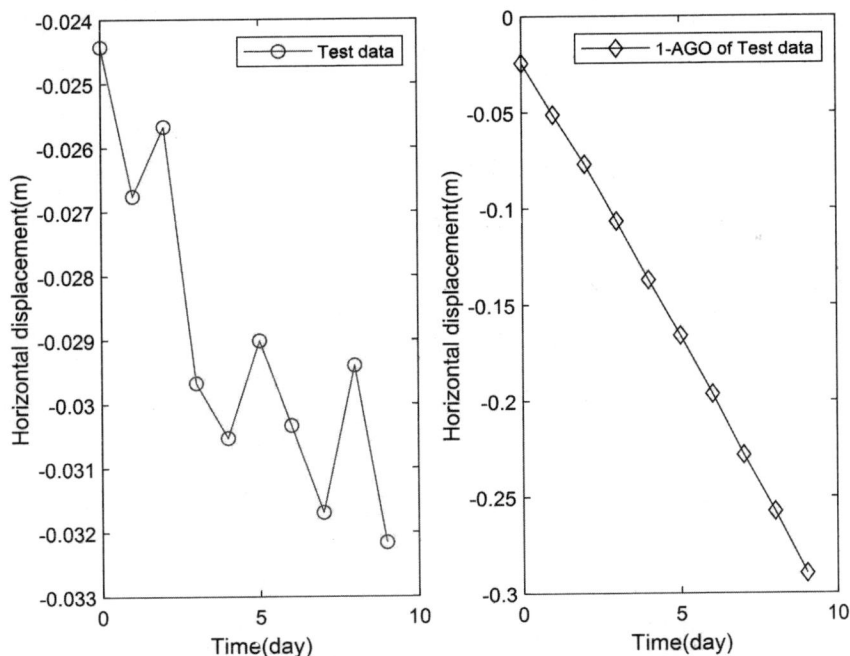

图 2-8 盐岩蠕变试验数据及其 1-AGO 算子的散点图

---

① KHALEDI K, MAHMOUDI E, DATCHEVA M, et al. Analysis of compressed air storage caverns in rock salt considering thermo-mechanical cyclic loading[J]. Environmental Earth Sciences, 2016, 75(15): 1149.

2.5.2　GM(1，1)预测模型

　　GM(1，1)模型作为灰色预测模型的核心，是最常用的一种灰色模型，已被广泛地应用于各个领域。GM(1，1)是一个只包含单变量的一阶灰微分方程构成的模型。该模型作为灰色预测模型的基础，对具有灰指数规律的序列有比较好的预测效果。具体定义如下：

　　定义 2.5.2　假设序列 $\boldsymbol{X}^{(0)} = (X^{(0)}(1), X^{(2)}(2), \cdots, X^{(2)}(n))$ 是一组岩体力学试验原始值，若 $X^{(1)}(k) = \sum\limits_{i=1}^{k} X^{(0)}(i)$ 是 $X^{(0)}(k)$ 的一阶累加生成算子 1-AGO，则

$$\frac{\mathrm{d}X^{(1)}(k)}{\mathrm{d}k} + aX^{(1)}(k) = b \tag{2-36}$$

称为灰色单变量模型 GM(1，1) 的白化微分方程，其中，参数 a 称为系统的发展系数，其值的大小及符号反映了序列 $\boldsymbol{X}^{(0)}$ 和 $\boldsymbol{X}^{(1)}$ 的发展态势；参数 b 称为系统的灰色作用量或者控制系数，该值具有灰信息覆盖的作用；参数 n 是数据的个数。

　　若 $X^{(1)}(k)$ 的背景值序列定义为

$$Z^{(1)}(k) = \frac{1}{2}\left[X^{(1)}(k) + X^{(1)}(k-1)\right], k = 2, 3, \cdots, n。 \tag{2-37}$$

则 GM(1，1) 模型为

$$X^{(0)}(k) + aZ^{(1)}(k) = b。 \tag{2-38}$$

　　若记

$$\boldsymbol{P} = \begin{bmatrix} a \\ b \end{bmatrix}, \boldsymbol{B} = \begin{bmatrix} -Z_1^{(1)}(2) & 1 \\ -Z_1^{(1)}(3) & 1 \\ \vdots & \vdots \\ -Z_1^{(1)}(n) & 1 \end{bmatrix}, \boldsymbol{Y} = \begin{bmatrix} X_1^{(0)}(2) \\ X_1^{(0)}(3) \\ \vdots \\ X_1^{(0)}(n) \end{bmatrix},$$

则 GM(1，1) 模型的参数辨识为

$$\boldsymbol{P} = (\boldsymbol{B}^{\mathrm{T}}\boldsymbol{B})^{-1}\boldsymbol{B}^{\mathrm{T}}\boldsymbol{Y} = \begin{bmatrix} a \\ b \end{bmatrix}。$$

根据式(2-36)，GM(1，1)的时间响应式为：

$$\hat{X}^{(1)}(k) = \left[X^{(0)}(1) - \frac{b}{a}\right]\mathrm{e}^{-a(k-1)} + \frac{b}{a}, \tag{2-39}$$

其还原值为

$$\hat{X}^{(0)}(k) = \hat{X}^{(1)}(k) - \hat{X}^{(1)}(k-1)$$
$$= (1 - e^a)(X^{(0)}(1) - \frac{b}{a})e^{-a(k-1)}。$$

2.5.3　等间隔 GMC(1,n)预测模型

这一小节将简要介绍等间隔灰色多变量卷积模型,即 GMC(1,n)[①]。

GMC(1,n)模型是基于传统多变量 GM(1,n),在其灰微分方程右端的协调序列中增加了一个控制参数 u,解决了 GM(1,n)只能反映系统因素之间的相互作用而无法预测的问题,克服了 GM(1,n)模型的不足。GMC(1,n)模型的具体定义如下:

定义 2.5.3　假设 $\boldsymbol{X}^{(0)} = (X_1^{(0)}, X_2^{(0)}, \cdots, X_n^{(0)})$ 是 n 组等间隔的原始观测值,其中 $X_1^{(0)}$ 是输出变量,$X_2^{(0)}, X_3^{(0)}, \cdots, X_n^{(0)}$ 是 $n-1$ 个输入变量,$X_i^{(1)}(t) = \sum_{i=1}^{t} X_i^{(0)}(t)$ 和 $X_1^{(1)}(rp+t) = \sum_{k=rp+1}^{rp+t} X_1^{(0)}(k)(t = 1, 2, \cdots, r+rf)$ 分别是序列 $X_i^{(0)}(i = 2, 3, \cdots, n)$ 和 $X_1^{(0)}$ 的一阶累加生成算子 1-AGO,则 GMC(1,n)模型的白化微分方程为:

$$\frac{dX_1^{(1)}(rp+t)}{dt} + \alpha X_1^{(1)}(rp+t) = \beta_2 X_2^{(1)}(t) + \beta_3 X_3^{(1)}(t) + \cdots + \beta_n X_n^{(1)}(t) + u,$$

$$(2-40)$$

其中 $t = 1, 2, \cdots, r$。r 是数据的个数,α 是发展系数,$\beta_2, \beta_3, \cdots, \beta_n$ 是协调系数,u 是灰色作用量,rp 为时间延迟。

若 $X_1^{(1)}(rp+t)$ 和 $X_i^{(1)}(t)(i = 2, 3, \cdots, n)$ 的背景值序列分别定义为:

$$Z_1^{(1)}(rp+t) = \frac{1}{2}[X_1^{(1)}(rp+t) + X_1^{(1)}(rp+t-1)], \qquad (2-41)$$

$$Z_i^{(1)}(t) = \frac{1}{2}[X_i^{(1)}(t) + X_i^{(1)}(t-1)], i = 2, 3, \cdots, n, \qquad (2-42)$$

则 GMC(1,n) 模型为

$$X_1^{(0)}(rp+t) + \alpha Z_1^{(1)}(rp+t) = \beta_2 Z_2^{(1)}(t) + \beta_3 Z_3^{(1)}(t) + \cdots + \beta_n Z_n^{(1)}(t) + u。$$

$$(2-43)$$

---

①　TIEN T. The indirect measurement of tensile strength of material by the grey prediction model GMC(1,n)[J]. Measurement Science and Technology, 2005, 16(6): 1322-1328.

若令 $\boldsymbol{P} = [\alpha, \beta_2, \cdots, \beta_n, u]^{\mathrm{T}}$,

$$\boldsymbol{A} = \begin{pmatrix} -Z_1^{(1)}(2) & Z_2^{(1)}(2) & \cdots & Z_n^{(1)}(2) & 1 \\ -Z_1^{(1)}(3) & Z_2^{(1)}(3) & \cdots & Z_n^{(1)}(3) & 1 \\ \vdots & \vdots & & \vdots & \vdots \\ -Z_1^{(1)}(r) & Z_2^{(1)}(r) & \cdots & Z_n^{(1)}(r) & 1 \end{pmatrix}, \boldsymbol{Y} = \begin{pmatrix} X_1^{(0)}(2) \\ X_1^{(0)}(3) \\ \vdots \\ X_1^{(0)}(r) \end{pmatrix}$$

则 GMC$(1, n)$ 模型的参数辨识为:

$$\boldsymbol{P} = [\alpha, \beta_2, \cdots, \beta_n, u]^{\mathrm{T}} = (\boldsymbol{A}^{\mathrm{T}} \boldsymbol{A})^{-1} \boldsymbol{A}^{\mathrm{T}} \boldsymbol{Y}。$$

解微分方程(2-38),可得:

$$\hat{X}_1^{(1)}(rp + t) = X_1^{(0)}(rp + 1)\mathrm{e}^{-\alpha(t-1)} + \int_1^{\mathrm{T}} \mathrm{e}^{-\alpha(t-\tau)} f(\tau)\mathrm{d}\tau, \qquad (2\text{-}44)$$

其中式(2-44)右边的函数 $f(t)$ 为

$$f(t) = \sum_{i=2}^{n} \beta_i X_i^{(1)}(t) + u。$$

利用梯形公式对公式(2-43)的卷积积分进行离散化处理,则 1-AGO 序列的离散化函数 $X_1^{(1)}(rp + t)$ 可转化为

$$\hat{X}_1^{(1)}(rp + t) = X_1^{(0)}(rp + 1)\mathrm{e}^{-\alpha(t-1)} + u(t-2) \times$$

$$\sum_{\tau=2}^{t} \frac{1}{2} \left\{ \mathrm{e}^{-\alpha(t-\tau+\frac{1}{2})} \left[f(\tau) + f(\tau - 1) \right] \right\}, \qquad (2\text{-}45)$$

其中 $u(t-2)$ 是单位阶跃函数。

根据 1-AGO 的逆算子 1-IAGO,我们有

$$\hat{X}_1^{(0)}(rp + t) = \hat{X}_1^{(1)}(rp + t) - \hat{X}_1^{(1)}(rp + t - 1)。 \qquad (2\text{-}46)$$

公式(2-46)为 GMC$(1, n)$ 模型的时间响应式,即为 GMC$(1, n)$ 的解。

2.6 VAR 模型及评估方法

向量自回归(vector autoregressive model, VAR)模型,是一种常用的计量经济模型,最早是在 20 世纪 90 年代由 Christopher Sims 提出来的。该模型是用模型中所有当期变量对所有变量的若干滞后变量进行回归,用来估计联合内生变量的动态关系,而不带有任何事先约束条件。VAR 模型是基于数据的统计性质,把系统中每一个内生变量作为系统中所有内生变量的滞后值的函数来构造模型,从而将单变量自回归模型推广到由多元时间序列变量组成的"向量"

自回归模型。VAR 模型是处理多个相关经济指标的分析与预测最容易操作的模型之一,并且在一定的条件下,多元 MA 和 ARMA 模型也可转化成 VAR 模型,因此近年来 VAR 模型受到越来越多的经济工作者的重视,已被广泛应用于社会的各个领域。

VAR 模型在处理复杂动态系统时极具灵活性,因其可以捕捉多个变量之间的相互依赖关系,而无需预设变量之间的因果顺序。下面是该模型的特点及结构。

2.6.1　VAR 模型特点

在 VAR 模型建模过程中只需明确两件事:第一,共有哪些变量是相互有关系的,把有关系的变量包括在 VAR 模型中;第二,确定滞后期 p,使模型能反映出变量间相互影响的绝大部分。

(1)VAR 模型对参数不施加零约束。

(2)VAR 模型的解释变量中不包括任何当期变量,所有与联立方程模型有关的问题在 VAR 模型中都不存在。

(3)VAR 模型的另一个特点是有相当多的参数需要估计。当样本容量较小时,多数参数的估计量误差较大。

(4)无约束 VAR 模型的应用之一是预测。由于在 VAR 模型中每个方程的右侧都不含有当期变量,这种模型用于样本外近期预测的优点是不必对解释变量在预测期内的取值做任何预测。

(5)用 VAR 模型做样本外近期预测非常准确。做样本外长期预测时,则只能预测出变动的趋势,而对短期波动预测不理想。

2.6.2　VAR 模型的结构

VAR 模型的核心思想是将多个变量的自回归模型结合起来,从而构建一个包含多个方程的系统。在这个系统中,其基本形式是弱平稳过程的自回归表达式,描述的是在同一样本期间内的若干变量可以作为它们过去值的线性函数。

$$Y_t = \Phi_0 + \sum_{i=1}^{p} \Phi_i Y_{t-i} + \varepsilon_t, \tag{2-47}$$

其中 $Y_t = \begin{bmatrix} y_{1t} \\ y_{2t} \\ \vdots \\ y_{kt} \end{bmatrix}, \varepsilon_t = \begin{bmatrix} \varepsilon_{1t} \\ \varepsilon_{2t} \\ \vdots \\ \varepsilon_{kt} \end{bmatrix}, \Phi_0 = \begin{bmatrix} \phi_{10} \\ \phi_{20} \\ \vdots \\ \phi_{k0} \end{bmatrix}, \Phi_i = \begin{bmatrix} \phi_{11}(i) & \cdots & \phi_{1k}(i) \\ \vdots & \ddots & \vdots \\ \phi_{k1}(i) & \cdots & \phi_{kk}(i) \end{bmatrix}; i = 1,$

$2,\cdots,p$；$\boldsymbol{Y}_t$ 表示 k 维内生变量列向量；$\boldsymbol{Y}_{t-i}$ 为滞后的内生变量；p 是滞后阶数；$\boldsymbol{\varepsilon}_t$ 为 k 维白噪声向量，它们相互之间可以同期相关，但不与自己的滞后项相关，也不与上式中右边的变量相关，各 $\boldsymbol{\varepsilon}_t$ 独立同分布，但 $\boldsymbol{\varepsilon}_t$ 中的分量不要求相互独立。

2.7　小结

本章提出了岩体力学流变参数的概念，包括三个基本元件的定义和参数之间的相互关系，为研究岩体流变参数辨识奠定基础。介绍了岩体强度参数的定义及特征分析，给出 Hoek-Brown 强度准则和摩尔-库仑强度准则，为研究岩体抗剪强度的灰色预测模型提供理论依据。研究中的岩体变形参数的相关理论及两种变形参数预测方法，为研究变形参数的灰色预测方法打下理论基础。脆性指数的评价方法为研究脆性指数的预测问题提供理论依据。最后阐述灰色系统理论中累加生成算子、单变量 GM(1，1)模型、多变量 GMC(1,n)灰色预测模型，以及 VAR 模型及其评估方法。

第 3 章
广义开尔文模型中流变参数的灰色辨识法

　　广义开尔文流变模型通常适用于岩体具有衰减蠕变、瞬时变形及弹性后效的稳定蠕变阶段,被广泛应用于描述岩体的黏弹性变形分析。本章从盐岩流变力学参数辨识中存在的试验数据的不规律性及不确定性的灰色特性出发,将灰色系统理论与岩体流变广义开尔文模型结合,提出了一种新的灰参数辨识法。利用灰色累加生成算子处理原始蠕变数据,并利用灰色系统差异性信息原理,建立灰色-广义开尔文模型。通过累积法得到模型的灰参数,建立灰参数和力学参数之间的关系式,提出了灰色-广义开尔文参数辨识法,并利用盐岩蠕变试验数据,研究新参数辨识法的有效性。

3.1　广义开尔文流变力学模型

　　在流变模型中,理想弹簧和阻尼元件的不同组成用于定义岩石蠕变行为(例如麦克斯韦、开尔文等理论模型)。经典的广义开尔文流变力学模型,是一个元件组合模型,它由胡克体与开尔文体串联而成。详细定义如定义 2.1.1 所示。姚亚锋[①]等提出了模糊随机高斯-牛顿算法,并利用该算法对 GK 本构模型的流变参数进行了优化。广义开尔文模型和广义麦克斯韦模型,它们在描述沥青混合料的黏弹特性方面得到了广泛的应用。虽然这些方法得到广泛认可

---

① 姚亚锋,程桦,荣传新,等.人工冻结黏土广义开尔文蠕变本构模型模糊随机优化[J].煤田地质与勘探,2019,47(2):162-167.

且各有其自身特点,但都没有同时考虑流变力学参数在辨识研究中存在不确定性、离散性及试验数据信息少的灰色系统特征。

因此,本章基于这几个灰色特征,将灰色系统理论引入岩体流变力学模型,基于灰色累加算子建立 G-GK 模型,并提出一种新的基于广义开尔文模型的流变参数的灰色辨识法。

3.2　灰色-广义开尔文模型

下面将灰色系统理论和 GK 模型相结合研究 GK 模型的流变参数辨识问题。

3.2.1　G-GK 模型建模机理

由于灰色模型一般都是基于一阶累加生成算子 1-AGO 序列建模,因此,我们先将蠕变试验中的原始蠕变数据 $\boldsymbol{\varepsilon}^{(0)}$ 转化为 1-AGO 形式,即 $\boldsymbol{\varepsilon}^{(1)}$;然后将 GK 模型的蠕变方程,即将 GK 模型定义中的式 $\varepsilon(t) = \dfrac{\sigma_0}{E_1}\left(1 - \mathrm{e}^{-\frac{E_1}{\eta_1}t}\right) + \dfrac{\sigma_0}{E_0}$ 转化为灰色-广义开尔文模型;再利用灰色模型的累积法对灰色参数进行辨识,然后寻找灰参数与力学参数之间的关系式,最后对力学参数辨识。这就是 G-GK 模型灰参数辨识方法的数学机理。

根据第 2 章中灰色 1-AGO 的定义,若 $\boldsymbol{X}^{(0)}$ 为原始观测值,则其 1-AGO 序列为:

$$X^{(1)}(t) = X^{(0)}(1) + X^{(0)}(2) + \cdots + X^{(0)}(t) = \sum_{m=1}^{t} X^{(0)}(m)。 \quad (3\text{-}1)$$

类似地,在 GK 模型中我们有:假设

$$\boldsymbol{\varepsilon}^{(0)} = (\varepsilon^{(0)}(1), \varepsilon^{(0)}(2), \cdots, \varepsilon^{(0)}(n)) \quad (3\text{-}2)$$

是原始蠕变试验数据,令

$$\varepsilon^{(1)}(t) = \varepsilon^{(0)}(1) + \varepsilon^{(0)}(2) + \cdots + \varepsilon^{(0)}(t) = \sum_{m=1}^{t} \varepsilon^{(0)}(m), \quad (3\text{-}3)$$

则 $\varepsilon^{(1)}(t)$ 即为原始序列 $\varepsilon^{(0)}(t)$ 的 1-AGO 形式。

根据灰色系统理论，我们有以下结论：

定理 3.2.1　假设 $\varepsilon^{(1)}(t)$ 是原始蠕变应变 $\boldsymbol{\varepsilon}^{(0)}$ 的 1-AGO 序列，则 GK 模型的蠕变方程，即式 (2-6) 的原方程为

$$\frac{\mathrm{d}\varepsilon^{(1)}(t)}{\mathrm{d}t} + \frac{E_1}{\eta_1}\varepsilon^{(1)}(t) = \frac{E_1}{\eta_1}(\frac{\sigma_0}{E_0} + \frac{\sigma_0}{E_1})t + (\frac{\sigma_0}{E_0} + \frac{\sigma_0}{E_1})(1 + \frac{E_1}{\eta_1}) + \frac{\sigma_0}{\eta_1}(1 - \mathrm{e}^{\frac{E_1}{\eta_1}})^{-1}.$$

$$(3\text{-}4)$$

证明　GK 模型蠕变方程中序列 $\boldsymbol{\varepsilon}^{(0)}$ 的 1-AGO 为

$$\varepsilon^{(1)}(t) = (\frac{\sigma_0}{E_0} + \frac{\sigma_0}{E_1})t + \frac{\sigma_0}{E_1}(1 - \mathrm{e}^{\frac{E_1}{\eta_1}})^{-1}(1 - \mathrm{e}^{-\frac{E_1}{\eta_1}t}).$$

因为

$$\varepsilon^{(0)}(t) = \varepsilon^{(1)}(t) - \varepsilon^{(1)}(t-1)$$

$$= (\frac{\sigma_0}{E_0} + \frac{\sigma_0}{E_1})t + \frac{\sigma_0}{E_1}(1 - \mathrm{e}^{\frac{E_1}{\eta_1}})^{-1}(1 - \mathrm{e}^{-\frac{E_1}{\eta_1}t}) -$$

$$\left[(\frac{\sigma_0}{E_0} + \frac{\sigma_0}{E_1})(t-1) + \frac{\sigma_0}{E_1}(1 - \mathrm{e}^{\frac{E_1}{\eta_1}})^{-1}(1 - \mathrm{e}^{-\frac{E_1}{\eta_1}(t-1)})\right]$$

$$= \frac{\sigma_0}{E_0} + \frac{\sigma_0}{E_1} + \frac{\sigma_0}{E_1}(1 - \mathrm{e}^{\frac{E_1}{\eta_1}})^{-1}(\mathrm{e}^{-\frac{E_1}{\eta_1}(t-1)} - \mathrm{e}^{-\frac{E_1}{\eta_1}t})$$

$$= \frac{\sigma_0}{E_0} + \frac{\sigma_0}{E_1} + \frac{\sigma_0}{E_1}(1 - \mathrm{e}^{\frac{E_1}{\eta_1}})^{-1}\mathrm{e}^{-\frac{E_1}{\eta_1}t}(\mathrm{e}^{\frac{E_1}{\eta_1}} - 1)$$

$$= \frac{\sigma_0}{E_0} + \frac{\sigma_0}{E_1}(1 - \mathrm{e}^{-\frac{E_1}{\eta_1}t}).$$

接下来求解 $\varepsilon^{(1)}(t)$ 的原方程。

由公式 (3-4) 可知，该式是一阶线性非齐次微分方程。首先，令式 (3-4) 右边为 0，即

$$\frac{\mathrm{d}\varepsilon^{(1)}(t)}{\mathrm{d}t} + \frac{E_1}{\eta_1}\varepsilon^{(1)}(t) = 0.$$

$$(3\text{-}5)$$

则式 (3-5) 的通解为：

$$\varepsilon^{(1)}(t) = c^* \cdot \mathrm{e}^{\frac{E_1}{\eta_1}t}(c^* \text{ 为任意常数}).$$

$$(3\text{-}6)$$

然后用常数变易法对式 (3-6) 进行求解，令

$$\varepsilon^{(1)}(t) = c^*(t) \cdot \mathrm{e}^{-\frac{E_1}{\eta_1}t},$$

$$(3\text{-}7)$$

则

$$c^*(t) = \left[\left(\frac{\sigma_0}{E_0} + \frac{\sigma_0}{E_1} \right) t + \frac{\sigma_0}{E_1} (1 - e^{\frac{E_1}{\eta_1}})^{-1} \right] e^{\frac{E_1}{\eta_1} t} + c_1^*, \qquad (3\text{-}8)$$

其中 c_1^* 是任意常数。初始条件为时间 $t = 0$ 时，$\varepsilon^{(1)}(0) = 0$ 及 $\varepsilon^{(0)}(0) = \frac{\sigma_0}{E_1}$。

因为施加瞬时应力 σ_0 后，在开尔文体中，当施加瞬时应力时，由于阻尼器的惰性，阻止弹簧产生瞬时变形，应变为 0。因此在麦克斯韦体中，才会产生变形 $\frac{\sigma_0}{E_1}$，即整个模型在 $t = 0$ 时产生变形 $\frac{\sigma_0}{E_1}$。

也即

$$\begin{cases} \varepsilon^{(1)}(0) = 0, \varepsilon^{(0)}(0) = \dfrac{\sigma_0}{E_0}, \\ \varepsilon^{(1)}(t) = \left\{ \left[\left(\dfrac{\sigma_0}{E_0} + \dfrac{\sigma_0}{E_1} \right) t + \dfrac{\sigma_0}{E_1} (1 - e^{\frac{E_1}{\eta_1}}) - 1 \right] e^{\frac{E_1}{\eta_1} t} + c_1^* \right\} e^{-\frac{E_1}{\eta_1} t}. \end{cases} \qquad (3\text{-}9)$$

则

$$c_1^* = \frac{\sigma_0}{E_1} (1 - e^{\frac{E_1}{\eta_1}})^{-1}. \qquad (3\text{-}10)$$

将式(3-9)和(3-10)代入式(3-6)，则

$$\varepsilon^{(1)}(t) = \left(\frac{\sigma_0}{E_0} + \frac{\sigma_0}{E_1} \right) t + \frac{\sigma_0}{E_1} (1 - e^{\frac{E_1}{\eta_1}})^{-1} (1 - e^{-\frac{E_1}{\eta_1} t}).$$

再将 $\varepsilon^{(1)}(t)$ 的表达式代入式(3-5)左边：

$$\frac{d\varepsilon^{(1)}(t)}{dt} + \frac{E_1}{\eta_1} \varepsilon^{(1)}(t)$$

$$= \frac{\sigma_0}{E_0} + \frac{\sigma_0}{E_1} + \frac{\sigma_0}{E_1} (1 - e^{\frac{E_1}{\eta_1}})^{-1} e^{-\frac{E_1}{\eta_1} t} \frac{E_1}{\eta_1} + \frac{E_1}{\eta_1} \left[\left(\frac{\sigma_0}{E_0} + \frac{\sigma_0}{E_1} \right) t + \frac{\sigma_0}{E_1} (1 - e^{\frac{E_1}{\eta_1}})^{-1} (1 - e^{-\frac{E_1}{\eta_1} t}) \right]$$

$$= \frac{E_1}{\eta_1} \left(\frac{\sigma_0}{E_0} + \frac{\sigma_0}{E_1} \right) t + \left(\frac{\sigma_0}{E_0} + \frac{\sigma_0}{E_1} \right) \left(1 + \frac{E_1}{\eta_1} \right) + \frac{\sigma_0}{\eta_1} (1 - e^{\frac{E_1}{\eta_1}})^{-1}.$$

此时，上式与式(3-4)右边相等。

故该定理得证。

定理 3.2.1 是基于灰色累加生成算子 1-AGO 将 GK 模型的蠕变方程转化为微分方程形式，这个方程就是灰色白化微分方程，再将该方程离散化就可以得到下面的 G-GK 模型。

3.2.2　G-GK 模型的定义

接下来建立 G-GK 模型。

由定理 3.2.1 中 $\varepsilon^{(1)}(t)$ 的微分方程形式,根据盐岩力学试验中存在的样本分布的不规律性,将式(3-4)的左边离散化处理。

首先,该式左边第一项 $\dfrac{\mathrm{d}\varepsilon^{(1)}(t)}{\mathrm{d}t}$ 可由差异信息原理转化为 $\varepsilon^{(0)}(t)$,即

$$\frac{\mathrm{d}\varepsilon^{(1)}(t)}{\mathrm{d}t}=\lim_{\Delta t\to 0}\frac{\Delta\varepsilon^{(1)}(t)}{\Delta t}\approx\frac{\varepsilon^{(1)}(t)-\varepsilon^{(1)}(t-1)}{t-(t-1)}=\varepsilon^{(1)}(t)-\varepsilon^{(1)}(t-1)=\varepsilon^{(0)}(t)。$$

$$(3-11)$$

然后将式(3-4)左边第二项中的 $\varepsilon^{(1)}(t)$ 在 $k-1\leqslant t\leqslant k$ 处理可得

$$\varepsilon^{(1)}(t)\big|_{[k-1,k]}\approx r\varepsilon^{(1)}(k)+(1-r)\varepsilon^{(1)}(k-1)$$
$$=z^{(1)}(t),\qquad(3-12)$$

其中 $0\leqslant r\leqslant 1,t=2,3,\cdots,n$。

为了简化式(3-12),通常 r 取 k 与 $k-1$ 的平均值,即 $r=0.5$。

此时式(3-12)变为

$$\varepsilon^{(1)}(t)\big|_{[k-1,k]}\approx 0.5\varepsilon^{(1)}(k)+0.5\varepsilon^{(1)}(k-1)$$
$$=z^{(1)}(t),\qquad(3-13)$$

其中 $t=2,3,\cdots,n$。

即 $\varepsilon^{(1)}(t)\approx z^{(1)}(t)$,此时 $z^{(1)}(t)$ 称为紧邻均值序列。

将式(3-11)和(3-12)代入式(3-4),可得

$$\varepsilon^{(0)}(t)+\frac{E_1}{\eta_1}z^{(1)}(t)=\frac{E_1}{\eta_1}\left(\frac{\sigma_0}{E_0}+\frac{\sigma_0}{E_1}\right)t+\left(\frac{\sigma_0}{E_0}+\frac{\sigma_0}{E_1}\right)\left(1+\frac{E_1}{\eta_1}\right)+\frac{\sigma_0}{\eta_1}\left(1-\mathrm{e}^{\frac{E_1}{\eta_1}}\right)^{-1}。$$

这就是 G-GK 模型的灰微分方程形式。

下面给出 G-GK 模型的详细定义:

定义 3.2.1　假设 $\boldsymbol{\varepsilon}^{(0)}=(\varepsilon^{(0)}(1),\varepsilon^{(0)}(2),\cdots,\varepsilon^{(0)}(n))$ 是一组原始岩体力学试验数据,$\boldsymbol{\varepsilon}^{(1)}$ 是 $\boldsymbol{\varepsilon}^{(0)}$ 的一阶累加生成算子 1-AGO,则

$$\varepsilon^{(0)}(t)+\frac{E_1}{\eta_1}z^{(1)}(t)=\frac{E_1}{\eta_1}\left(\frac{\sigma_0}{E_0}+\frac{\sigma_0}{E_1}\right)t+\left(\frac{\sigma_0}{E_0}+\frac{\sigma_0}{E_1}\right)\left(1+\frac{E_1}{\eta_1}\right)+\frac{\sigma_0}{\eta_1}\left(1-\mathrm{e}^{\frac{E_1}{\eta_1}}\right)^{-1},$$

$$(3-14)$$

称为灰色-广义开尔文模型,记为 G-GK 模型。

G-GK 模型的白化微分方程即为式(3-4)

$$\frac{\mathrm{d}\varepsilon^{(1)}(t)}{\mathrm{d}t} + \frac{E_1}{\eta_1}\varepsilon^{(1)}(t) = \frac{E_1}{\eta_1}(\frac{\sigma_0}{E_0} + \frac{\sigma_0}{E_1})t + (\frac{\sigma_0}{E_0} + \frac{\sigma_0}{E_1})(1 + \frac{E_1}{\eta_1}) + \frac{\sigma_0}{\eta_1}(1 - \mathrm{e}^{\frac{E_1}{\eta_1}})^{-1}。$$

定义 3.2.1 是 GK 模型的灰微分方程形式,可以看成是灰色模型与 GK 模型的演化模型。由于灰色系统理论从未被应用于流变参数辨识研究,可以说,G-GK 模型给岩体流变本构模型的参数辨识提供了全新的思维方式和研究方法。从定义 3.2.1 中可以看出,原始试验数据在 G-GK 模型建模前要先进行累加生成,所以,模型的最终结果必须由 1-AGO 的逆算子返回。

在定义 3.2.1 中,G-GK 模型的白化微分方程是一个非线性微分方程,其中有三个流变系数 E_0,E_1 和 η_1,这三个流变参数就是接下来要辨识的对象。从该模型的建模机理不难发现,G-GK 模型的时间响应式就是原 GK 模型的蠕变方程。

3.3 广义开尔文模型中流变参数的灰色辨识法

本节主要研究 G-GK 模型的流变参数辨识问题。首先采用灰色累积法(AM)[①]对 G-GK 模型中的灰参数进行辨识,然后建立力学参数和灰参数之间的关系式,从而完成盐岩流变 GK 模型的力学参数辨识。

下面给出参数辨识的详细过程。

3.3.1 G-GK 模型的参数辨识

首先讨论 G-GK 模型的灰色参数辨识。

定理 3.3.1 在 G-GK 模型的表达式中:

$$\varepsilon^{(0)}(t) + \frac{E_1}{\eta_1}z^{(1)}(t) = \frac{E_1}{\eta_1}(\frac{\sigma_0}{E_0} + \frac{\sigma_0}{E_1})t + (\frac{\sigma_0}{E_0} + \frac{\sigma_0}{E_1})(1 + \frac{E_1}{\eta_1}) + \frac{\sigma_0}{\eta_1}(1 - \mathrm{e}^{\frac{E_1}{\eta_1}})^{-1},$$

令

---

① 曾祥艳,肖新平. 累积法 GM(2,1)模型及其病态性研究[J]. 系统工程与电子技术,2006(4):542-544.

$$a = \frac{E_1}{\eta_1},$$

$$b = \frac{E_1}{\eta_1}(\frac{\sigma_0}{E_0} + \frac{\sigma_0}{E_1}),$$

$$c = (\frac{\sigma_0}{E_0} + \frac{\sigma_0}{E_1})(1 + \frac{E_1}{\eta_1}) + \frac{\sigma_0}{\eta_1}(1 - e^{\frac{E_1}{\eta_1}})^{-1},$$

则公式(3-14)可表示为

$$\varepsilon^{(0)}(t) + az^{(1)}(t) = bt + c, \tag{3-15}$$

其中 a, b, c 称为灰参数。

则 G-GK 模型的灰参数满足：

$$\boldsymbol{A} = (a, b, c)^{\mathrm{T}} = \boldsymbol{X}_r^{-1}\boldsymbol{Y}_r,$$

其中

$$\boldsymbol{Y}_r = \begin{bmatrix} \sum_{k=2}^{n}{}^{(1)}\varepsilon^{(0)}(k) \\ \sum_{k=2}^{n}{}^{(2)}\varepsilon^{(0)}(k) \\ \sum_{k=2}^{n}{}^{(3)}\varepsilon^{(0)}(k) \end{bmatrix}, \boldsymbol{X}_r = \begin{bmatrix} -\sum_{k=2}^{n}{}^{(1)}z^{(1)}(k) & \sum_{k=2}^{n}{}^{(1)}k & \sum_{k=2}^{n}{}^{(1)} \\ -\sum_{k=2}^{n}{}^{(2)}z^{(1)}(k) & \sum_{k=2}^{n}{}^{(2)}k & \sum_{k=2}^{n}{}^{(2)} \\ -\sum_{k=2}^{n}{}^{(3)}z^{(1)}(k) & \sum_{k=2}^{n}{}^{(3)}k & \sum_{k=2}^{n}{}^{(3)} \end{bmatrix}, \boldsymbol{A} = \begin{bmatrix} a \\ b \\ c \end{bmatrix}。$$

证明　假设 $\boldsymbol{\varepsilon}^{(0)} = (\varepsilon^{(0)}(1), \varepsilon^{(0)}(2), \cdots, \varepsilon^{(0)}(n))$ 是原始蠕变数据,由 AM 法分别定义 $\boldsymbol{\varepsilon}^{(0)}$ 的各阶累积和 $\sum_{k=1}^{n}{}^{(1)}\varepsilon^{(0)}(k), \sum_{k=1}^{n}{}^{(2)}\varepsilon^{(0)}(k), \sum_{k=1}^{n}{}^{(3)}\varepsilon^{(0)}(k)$ 如下:

(1) 一阶累积和:

$$\sum_{k=1}^{n}{}^{(1)}\varepsilon^{(0)}(k)$$

$$= \varepsilon^{(0)}(1) + \varepsilon^{(0)}(2) + \cdots + \varepsilon^{(0)}(n)$$

$$= \sum_{k=1}^{n}\varepsilon^{(0)}(k),$$

(2) 二阶累积和:

$$\sum_{k=1}^{n}{}^{(2)}\varepsilon^{(0)}(k)$$

$$= \varepsilon^{(0)}(1) + [\varepsilon^{(0)}(1) + \varepsilon^{(0)}(2)] + [\varepsilon^{(0)}(1) + \varepsilon^{(0)}(2) + \varepsilon^{(0)}(3)] + \cdots +$$

$$[\varepsilon^{(0)}(1) + \varepsilon^{(0)}(2) + \cdots + \varepsilon^{(0)}(n)]$$

$$= \sum_{t=1}^{n} \sum_{k=1}^{t} {}^{(1)}\varepsilon^{(0)}(k),$$

(3) 三阶累积和：

$$\sum_{k=1}^{n} {}^{(3)}\varepsilon^{(0)}(k)$$

$$= \varepsilon^{(0)}(1) + \{\varepsilon^{(0)}(1) + [\varepsilon^{(0)}(1) + \varepsilon^{(0)}(2)]\} + \{\varepsilon^{(0)}(1) + [\varepsilon^{(0)}(1) +$$

$$\varepsilon^{(0)}(2)] + [\varepsilon^{(0)}(1) + \varepsilon^{(0)}(2) + \varepsilon^{(0)}(3)]\} + \cdots +$$

$$\{\varepsilon^{(0)}(1) + [\varepsilon^{(0)}(1) + \varepsilon^{(0)}(2)] + [\varepsilon^{(0)}(1) + \varepsilon^{(0)}(2) + \varepsilon^{(0)}(3)] + \cdots +$$

$$[\varepsilon^{(0)}(1) + \varepsilon^{(0)}(2) + \cdots + \varepsilon^{(0)}(n)]\}$$

$$= \sum_{t=1}^{n} \sum_{k=1}^{t} {}^{(2)}\varepsilon^{(0)}(k),$$

类似可求得 $z^{(1)}(k)$ 的各阶累积和：

$$\sum_{k=1}^{n} {}^{(1)}z^{(1)}(k), \sum_{k=1}^{n} {}^{(1)}z^{(2)}(k), \sum_{k=1}^{n} {}^{(3)}z^{(1)}(k)_\circ$$

由于式(3-15)有 3 个参数，由累积法可得方程组如下：

$$\begin{cases} \sum_{k=2}^{n} {}^{(1)}\varepsilon^{(0)}(k) + a\sum_{k=2}^{n} {}^{(1)}z^{(1)}(k) = b\sum_{k=2}^{n} {}^{(1)}k + c\sum_{k=2}^{n} {}^{(1)}, \\[2mm] \sum_{k=2}^{n} {}^{(2)}\varepsilon^{(0)}(k) + a\sum_{k=2}^{n} {}^{(2)}z^{(1)}(k) = b\sum_{k=2}^{n} {}^{(2)}k + c\sum_{k=2}^{n} {}^{(2)}, \\[2mm] \sum_{k=2}^{n} {}^{(3)}\varepsilon^{(0)}(k) + a\sum_{k=2}^{n} {}^{(3)}z^{(1)}(k) = b\sum_{k=2}^{n} {}^{(3)}k + c\sum_{k=2}^{n} {}^{(3)}_\circ \end{cases} \quad (3\text{-}16)$$

令

$$\boldsymbol{Y}_r = \begin{Bmatrix} \sum_{k=2}^{n} {}^{(1)}\varepsilon^{(0)}(k) \\[2mm] \sum_{k=2}^{n} {}^{(2)}\varepsilon^{(0)}(k) \\[2mm] \sum_{k=2}^{n} {}^{(3)}\varepsilon^{(0)}(k) \end{Bmatrix}, \boldsymbol{X}_r = \begin{pmatrix} -\sum_{k=2}^{n} {}^{(1)}z^{(1)}(k) & \sum_{k=2}^{n} {}^{(1)}k & \sum_{k=2}^{n} {}^{(1)} \\[2mm] -\sum_{k=2}^{n} {}^{(2)}z^{(1)}(k) & \sum_{k=2}^{n} {}^{(2)}k & \sum_{k=2}^{n} {}^{(2)} \\[2mm] -\sum_{k=2}^{n} {}^{(3)}z^{(1)}(k) & \sum_{k=2}^{n} {}^{(3)}k & \sum_{k=2}^{n} {}^{(3)} \end{pmatrix}, \boldsymbol{A} = \begin{Bmatrix} a \\ b \\ c \end{Bmatrix}_\circ$$

由矩阵的性质，则式(3-16)可简化为

$$\boldsymbol{Y}_r = \boldsymbol{A}\boldsymbol{X}_r,$$

解之得

$$\boldsymbol{A} = (a,b,c)^{\mathrm{T}} = \boldsymbol{X}_r^{-1}\boldsymbol{Y}_r,$$

故该定理得证。

定理 3.3.1 是 G-GK 模型中灰色参数的计算公式,通过该定理的公式 $(a,b,c)^{\mathrm{T}} = \boldsymbol{X}_r^{-1}\boldsymbol{Y}_r$,可求出 G-GK 模型中灰参数 a,b,c 的具体数值。

3.3.2　G-GKPI 法

由上一小节 G-GK 模型的灰参数辨识过程可知,灰参数 a,b,c 是用力学黏弹性系数 E_0,E_1 及 η_1 表示的。因此,由定理 3.3.1 可以得到灰参数与力学参数之间的关系式如下:

定理 3.3.2　G-GK 模型的流变力学参数 E_0,E_1 和 η_1 的表达式分别为

$$\begin{cases} \dfrac{\sigma_0}{E_0} = \dfrac{b}{a} - \dfrac{1}{a}\left[c - \dfrac{b}{a}(1+a)\right] \cdot (1 - \mathrm{e}^a), \\[2mm] \dfrac{\sigma_0}{E_1} = \dfrac{1}{a}\left[c - \dfrac{b}{a}(1+a)\right] \cdot (1 - \mathrm{e}^a), \\[2mm] \dfrac{\sigma_0}{\eta_1} = \left[c - \dfrac{b}{a}(1+a)\right] \cdot (1 - \mathrm{e}^a), \end{cases} \tag{3-17}$$

其中 a,b,c 是灰参数,σ_0 是初始应力。

证明　根据定理 3.3.1,

$$\begin{cases} a = \dfrac{E_1}{\eta_1}, \\[2mm] b = \dfrac{E_1}{\eta_1}\left(\dfrac{\sigma_0}{E_0} + \dfrac{\sigma_0}{E_1}\right), \\[2mm] c = \left(\dfrac{\sigma_0}{E_0} + \dfrac{\sigma_0}{E_1}\right)\left(1 + \dfrac{E_1}{\eta_1}\right) + \dfrac{\sigma_0}{\eta_1}\left(1 - \mathrm{e}^{\frac{E_1}{\eta_1}}\right)^{-1}。 \end{cases} \tag{3-18}$$

由灰参数的表达式(3-18)可知,该式是一个关于力学黏弹性系数 E_0,E_1 及 η_1 的三元一次方程组。解这个方程,可得这三个参数的结果如下:

$$\begin{cases} \dfrac{\sigma_0}{E_0} = \dfrac{b}{a} - \dfrac{1}{a}\left[c - \dfrac{b}{a}(1+a)\right] \cdot (1 - \mathrm{e}^a), \\[2mm] \dfrac{\sigma_0}{E_1} = \dfrac{1}{a}\left[c - \dfrac{b}{a}(1+a)\right] \cdot (1 - \mathrm{e}^a), \\[2mm] \dfrac{\sigma_0}{\eta_1} = \left[c - \dfrac{b}{a}(1+a)\right] \cdot (1 - \mathrm{e}^a), \end{cases}$$

其中 σ_0 是初始应力。

故该定理得证。

定理 3.3.2 称为岩体广义开尔文模型中流变参数的灰色辨识法,简记为

G-GKPI 法。该定理建立了灰参数和流变参数之间的关系式,即用灰参数对流变参数进行辨识。

由该定理可知,广义开尔文模型中的三个流变力学参数 E_0,E_1 和 η_1 可由式(3-18)分别求得。相对于传统流变参数辨识法来说,G-GKPI 法中灰参数可直接量化,计算量少,更精确。可以说 G-GKPI 法是岩体流变参数辨识方法上的新思路。

3.3.3 G-GKPI 参数辨识步骤

为了在量化的角度分析 G-GKPI 法的参数辨识效果,本章将使用 $MAPE$、$RMSPE$、R^2 和 STD 四个统计误差测度指标对各种参数辨识法进行评价,其公式如下:

$$MAPE = \frac{1}{r}\sum_{t=t_1}^{t_r}\frac{|\hat{X}^{(0)}(t)-X^{(0)}(t)|}{X^{(0)}(t)}\times 100\%, \tag{3-19}$$

$$RMSPE = \sqrt{\frac{1}{r}\sum_{t=t_1}^{t_r}\left[\hat{X}^{(0)}(t)-X^{(0)}(t)\right]^2}\times 100\%, \tag{3-20}$$

$$R^2 = 1-\frac{\sum_{r=1}^{n}(\hat{X}^{(0)}(r)-X^{(0)}(r))^2}{\sum_{r=1}^{n}(\hat{X}^{(0)}(r)-\bar{X}^{(0)})^2}, \tag{3-21}$$

$$STD = \sqrt{\frac{1}{r}\sum_{t=t_1}^{t_r}\left(\frac{|\hat{X}^{(0)}(t)-X^{(0)}(t)|}{X^{(0)}(t)}-MAPE\right)^2}。 \tag{3-22}$$

根据以上分析,G-GKPI 法的伪代码如下:

Algorithm 1:The pseudo code of G-GKPI method.

Input:$\varepsilon^{(0)}$

Output:$MAPE$, $RMSPE$, R^2 and STD.

1 Collecting test data $\varepsilon^{(0)}$.

2 Calculate series $\varepsilon^{(1)}$ and $z^{(1)}(t)$.

3 Calculate the cumulative sum of each order of $\varepsilon^{(0)}$, $z^{(1)}(t)$, k and 1.

4 Calculate X_r.

5 Substitute X_r into $X_r^{-1}Y_r$ to obtain the value of grey parameters a,b,c.

6 Substitute a,b,c into Eq. (3-16) to get the value of mechanical parameters E_0, E_1 and η_1.

7 Constructing the G-GK model.

8 Calculate simulation values $\hat{\varepsilon}^{(0)}$.

9 Compute *MAPE.*

10 for $f_{MAPE} \neq \text{fitness}(\hat{\varepsilon}^{(0)})$

    for each k in $\hat{\varepsilon}^{(0)}(k)$ do

        $f_{MAPE} \neq \text{minimum}$

        Process the sequence $\hat{\varepsilon}^{(0)}$

        Repeat 1-9

    end

11 end

12 Calculate *RMSPE*，R^2 and *STD.*

根据以上 G-GKPI 法的算法，其流程图如图 3-1 所示。

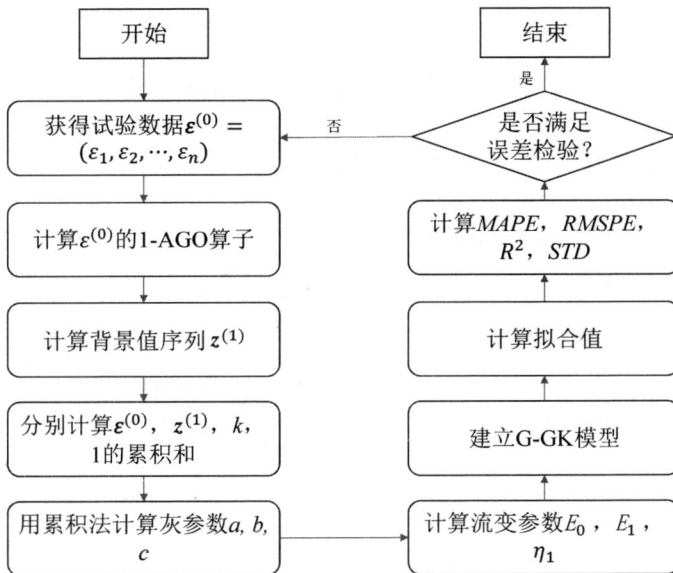

图 3-1　G-GKPI 法的流程图

3.4　G-GKPI 法在盐岩流变参数辨识中的应用

盐岩是化学作用下的沉积岩，主要矿物成分为石盐，它是一种工业原材料，又是一种特殊的岩石类材料。盐岩具有低渗透率、低孔隙度以及稳定状态的低变形速率等优点,在较低的温度和压力条件下,盐岩即可表现一定的流动性,造成埋于较深地层中的盐岩穿刺,形成盐丘,是国际公认的核废料、有毒垃圾及二氧化碳地下处置和石油、天然气等能源地下储存的理想介质。然而,地下处置或储存这一过程涉及盐岩层的强度及蠕变变形破坏能力,这些因素对盐穴的密闭性、稳定性产生严重的威胁。岩体流变参数能描述盐岩的黏弹性蠕变特性,其参数辨识是研究者所关注的重点。因此,盐岩流变参数的准确估计对盐岩储气库长期、安全、有效运营,高放废物处理,以及油气封存都有着非常重要的战略作用。

由于盐岩遇水溶解,且在空气中极易潮解的特点,一般将盐岩的试件采取干加工或溶浸作用下的蠕变试验。因此,本小节通过盐岩干加工的单轴压缩和不同浓度渗透液作用下的三轴压缩蠕变试验,描述 G-GKPI 法在盐岩流变力学参数辨识上的效果。为了验证 G-GKPI 法的有效性,将其结果与三种常用的参数辨识方法(反分析法、数值分析法及回归拟合法)进行对比分析。

3.4.1 盐岩试件干加工的蠕变试验

原始试验数据来源于邱贤德等[①]。在单轴压缩条件下,对四川省自贡市荣县长山盐矿的两种岩样进行中长期蠕变试验,试验中加载应力是各盐岩抗压强度的 80%,其试验数据列于表 3-1。

表 3-1 长山盐矿两种岩样的应变值与时间的关系表

编号	时间(t/h)									
	19	38	56	75	113	150	225	300	375	600
C1(ε/%)	0.90	1.20	1.50	1.52	1.60	1.65	1.80	1.90	2.20	2.65
C2(ε/%)	4.40	4.70	4.82	4.88	5.10	5.20	5.60	5.75	/	/

根据表 3-1 的蠕变数据可建立 G-GK 模型,并在 MATLAB 环境下计算出 G-GK 模型中灰参数 a,b,c 的数值,结果如表 3-2 所示。

---

① 邱贤德,姜永东,阎宗岭,等.岩盐的蠕变损伤破坏分析[J].重庆大学学报(自然科学版),2003(5):106-109.

表 3-2　C1 和 C2 试件中 G-GKPI 法的参数辨识结果

C1			C2		
灰参数		GK 模型参数	灰参数		GK 模型参数
a	-1.1344	$E_0(\text{MPa})$　0.6958	a	-1.1053	$E_0(\text{MPa})$　0.8624
b	-0.3095	$E_1(\text{MPa})$　0.0054	b	-1.7066	$E_1(\text{MPa})$　0.0185
c	1.6823	$\eta_1(\text{GPa}\cdot\text{h})$　5.7198	c	8.8222	$\eta_1(\text{GPa}\cdot\text{h})$　19.7214

由表 3-2 的灰参数结果可分别得到试件 C1 及 C2 的 G-GK 模型白化微分方程。

$$C1:\frac{d\varepsilon^{(1)}(t)}{dt}-1.1344\varepsilon^{(1)}(t)=-0.3095t+1.6823,$$

$$C2:\frac{d\varepsilon^{(1)}(t)}{dt}-1.1053\varepsilon^{(1)}(t)=-1.7066t+8.8222.$$

则试件 C1 及 C2 的灰参数与流变参数的关系式分别为：

$$C1\begin{cases} a=\dfrac{E_1}{\eta_1}=-1.1344, \\[2mm] b=\dfrac{E_1}{\eta_1}\left(\dfrac{\sigma_0}{E_0}+\dfrac{\sigma_0}{E_1}\right)=-0.3095, \\[2mm] c=\left(\dfrac{\sigma_0}{E_0}+\dfrac{\sigma_0}{E_1}\right)\left(1+\dfrac{E_1}{\eta_1}\right)+\dfrac{\sigma_0}{\eta_1}\left(1-e^{\frac{E_1}{\eta_1}}\right)-1=1.6823, \end{cases}$$

$$C2\begin{cases} a=\dfrac{E_1}{\eta_1}=-1.1053, \\[2mm] b=\dfrac{E_1}{\eta_1}\left(\dfrac{\sigma_0}{E_0}+\dfrac{\sigma_0}{E_1}\right)=-1.7066, \\[2mm] c=\left(\dfrac{\sigma_0}{E_0}+\dfrac{\sigma_0}{E_1}\right)\left(1+\dfrac{E_1}{\eta_1}\right)+\dfrac{\sigma_0}{\eta_1}\left(1-e^{\frac{E_1}{\eta}}\right)-1=8.8222. \end{cases}$$

求解上述两个方程组，即可得到试件 C1 和 C2 的流变参数 E_0，E_1 及 η_1 的值，其结果也列于表 3-2。

从表 3-2 的流变力学参数 E_0，E_1 及 η_1 的辨识结果可知，长山盐矿两种岩样的蠕变参数中弹性模量 E 相差不大，牛顿黏度系数 η 则随应力水平的不同而有明显变化。这是因为：首先，两种岩样 NaCl 的含量高低、晶粒尺寸大小以及胶结性质不同,所以造成两种岩样在蠕变过程中发生的现象不同;其次,是由于在盐岩晶粒结晶过程中,因地质、环境等因素的影响,使晶粒内部存在着大量的缺陷,晶粒之间的交界面极不规则。将这些力学参数代入式(3-2),可得 G-GK 模型的拟合值。

G-GKPI、反分析、数值分析及回归拟合四种参数辨识法的对比曲线及 *APE* 柱状图如图 3-2 和图 3-3 所示。

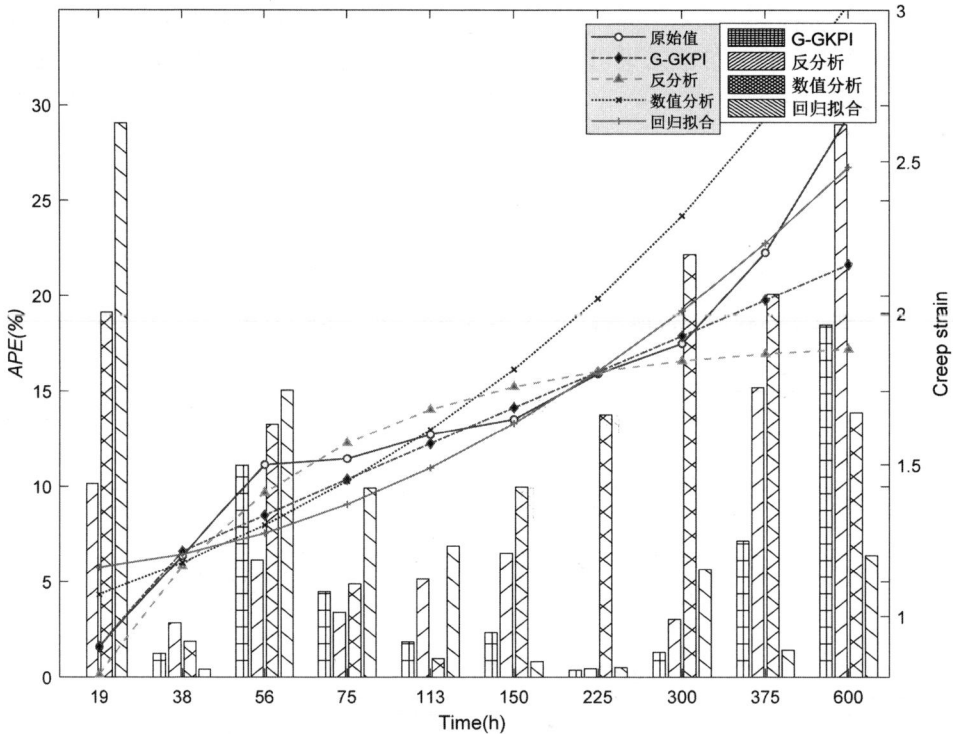

图 3-2 四种参数辨识法在 C1 中的散点图及柱状图

在图 3-2 中,从试件 C1 原始蠕变数据的散点图可以看到,试件 C1 在初始蠕变和加速蠕变阶段比较短,稳定蠕变阶段较长,占主导地位。由于 GK 模型是一种适用于描述岩石具有衰减蠕变、瞬时变形及稳定蠕变阶段的岩石流变模型,因此对于该试验后部分的加速蠕变阶段,四种参数辨识法的拟合效果都有一定程度的偏差。

从图 3-2 中的五条拟合对比曲线可以看到,G-GKPI 法的拟合曲线与原始曲线最接近;其次是回归拟合法,前期拟合效果一般,后期拟合效果稍好;反分析和数值分析法的结果与试验曲线偏离较大,拟合效果很差。APE 能反映拟合值与原始值的偏差,图 3-2 中蓝色柱子反映的是 G-GKPI 法的 APE 值,相对于另外三种方法来说,它的总体表现最好。

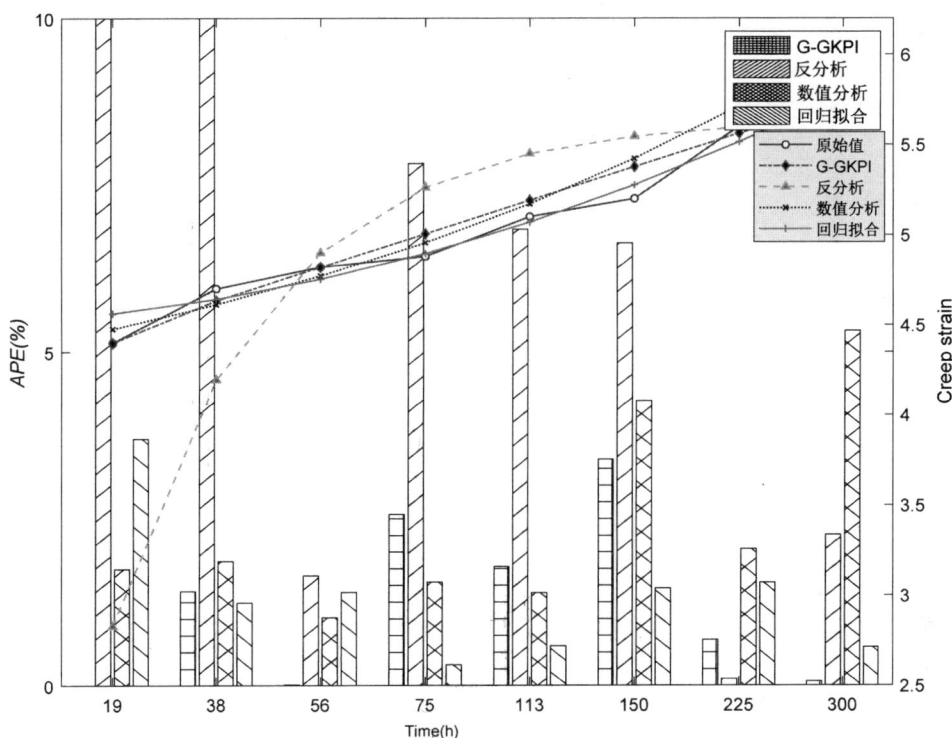

图 3-3　四种参数辨识法在 C2 中的散点图及柱状图

在试件 C2 的试验中,图 3-3 的试验原始数据的散点图也表现为初始蠕变和加速蠕变阶段比较短,稳定蠕变阶段较长。初始应变值比较大,应变主要发生在初始蠕变阶段。与图 3-2 类似,图 3-3 反映的是四种方法在试件 C2 中的 APE 柱状图和拟合曲线的散点图。从该图上可以清晰地看到,G-GKPI 法和回归拟合法的拟合曲线与原始曲线走势基本相同,G-GKPI 法的拟合曲线更贴合原始数据;数值分析法的拟合效果可以接受;而反分析法的拟合点基本上都不在试验曲线附近,拟合效果最差。图 3-3 中代表 G-GKPI 法 APE 值的蓝色柱子都相对较低,它的拟合表现最好。

由于有两个模型的拟合优度 R^2 出现了异常值,所以试件 C1 和 C2 只选取了 $MAPE$,$RMSPE$ 和 STD 这三个指标对 G-GKPI、反分析、数值分析及回归拟合四类参数辨识法进行评价,其结果列于表 3-3,对比效果如图 3-4 所示。表 3-3 中每个指标的最佳性能用黑色粗体字标记。

表 3-3 四种参数辨识法在试件 C1 和 C2 中的评价指标结果

评价指标	C1			
	G-GKPI 法	反分析法	数值分析法	回归拟合法
$MAPE(\%)$	**4. 8310**	8. 1842	12. 0000	7. 6083
$RMSPE(\%)$	17. 3173	27. 2868	25. 9220	**13. 9849**
$STD(\%)$	**5. 6077**	8. 0023	7. 1201	8. 4496

评价指标	C2			
	G-GKPI 法	反分析法	数值分析法	回归拟合法
$MAPE(\%)$	**1. 2386**	8. 9681	2. 3989	1. 3520
$RMSPE(\%)$	8. 7241	62. 5785	15. 1050	**7. 8914**
$STD(\%)$	1. 1958	10. 6465	1. 4362	**0. 9877**

$MAPE$ 是用于评估预测性能的指标。从表 3-3 中可以看到 G-GK 模型在 C1 和 C2 中的拟合 $MAPE$ 值都是最小的,说明新方法的拟合性能最好。G-GK模型的 $RMSPE$ 值比回归拟合法的略高;其 STD 值在 C1 中最低,在 C2 中比回归拟合法的值略高,意味着新方法在鲁棒性方面表现很好。因此,从表 3-3 和图 3-4 的整体拟合性能看,G-GKPI法的拟合效果最好。

综上所述,在长山盐矿的两种岩样 C1 和 C2 的试验中,以上图表充分说明,G-GK 模型的拟合曲线与试验所得的数据具有较好的一致性,拟合效果最好。证明本文提出的 G-GKPI法相对于另外三种方法来说,更加适用于盐岩的力学参数估计。

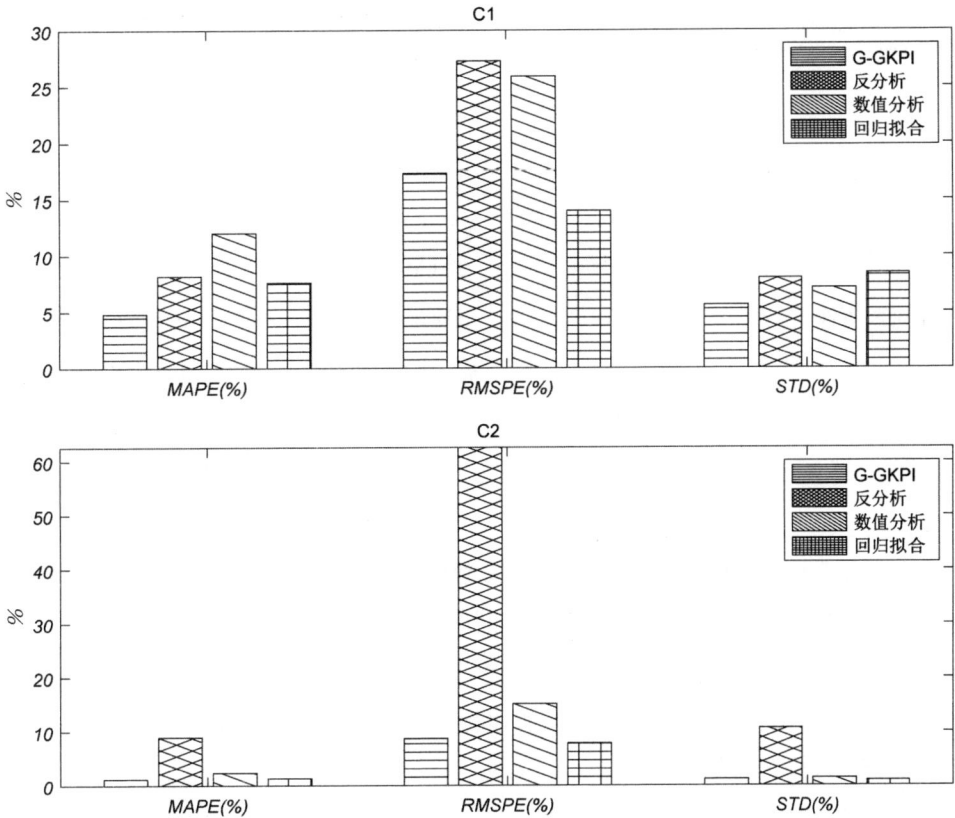

图 3-4 在 C1 和 C2 中四种参数辨识法的三种评价指标值的柱状图

3.4.2 不同浓度渗透液作用下的盐岩蠕变试验

试验数据来源于安俊理等①。试样选取四川眉山地区埋深 200 m 的钙芒硝矿体为研究对象,作用于试件的轴压为 5 MPa,围压为 4 MPa,渗透压为 3 MPa。渗透液分别选取淡水溶液、半饱和氯化钠溶液、饱和氯化钠溶液,温度为常温。由于时间和所加应力条件限制,所有试验只进行了蠕变曲线的初始蠕变、稳态蠕变两个阶段,未出现加速蠕变阶段,非常适合 GK 模型进行拟合。

在 MATLAB 环境下计算所得 G-GK 模型在淡水、半饱和氯化钠、饱和氯化钠溶液中的灰参数值 a,b,c 如表 3-4 所示。然后根据灰参数与流变参数的关系式(3-15),求得 E_0,E_1 及 η_1 的参数值也列于表 3-4。

---

① 安俊理,陈飞,刘金虎,等. 溶浸作用下钙芒硝盐岩蠕变特性研究[J]. 煤,2021,30(1):46-48.

表 3-4　不同浓度溶液中 G-GKPI 法的灰参数及力学参数辨识结果

溶液		灰参数		GK 模型参数	
淡水溶液	a	−0.9878	E_0(MPa)		5538.8840
	b	0.0017	E_1(MPa)		0.0160
	c	0.0002	η_1(GPa·h)		1.0844
半饱和溶液	a	−0.9638	E_0(MPa)		4919.0710
	b	0.0018	E_1(MPa)		0.0769
	c	0.0009	η_1(GPa·h)		1.1475
饱和溶液	a	−0.9654	E_0(MPa)		6610.2970
	b	0.0012	E_1(MPa)		0.1528
	c	0.0039	η_1(GPa·h)		1.0682

从表 3-4 中 GK 模型的流变力学参数结果可知,虽然盐岩在三种不同浓度溶液中的蠕变应变随渗透液浓度的不同而不同,但是力学参数的弹性模量 E_0,E_1 及牛顿黏度系数 η_1 的值都相差不大,又因为非线性流变的黏弹性或黏塑性黏滞系数与时间和应力水平有关,所以,用 G-GKPI 法辨识出的力学参数是准确、合理的,符合盐岩蠕变的特征。

将这些力学参数代入公式(3-2),可得到 G-GK 模型的拟合值。四种参数辨识法在不同浓度的溶液中的拟合曲线及 APE 柱状图如图 3-5、图 3-6、图 3-7 所示。

图 3-5 反映的是 G-GKPI、反分析、数值分析及回归拟合四种参数辨识法在盐岩淡水溶液试验中的 APE 柱状图和拟合曲线的散点图。从该图上可以看到,G-GKPI 法和回归拟合法的拟合曲线与原始曲线走势基本相同,G-GKPI 法的拟合曲线更贴合原始数据;反分析法的拟合效果可以接受;而数值分析法的拟合点基本上都不在原始数据的周围,拟合效果较差。图 3-5 中代表 G-GKPI 法 APE 值的蓝色柱子都相对较低,说明其拟合表现最好。

图 3-6 反映的是 G-GKPI、反分析、数值分析及回归拟合四种参数辨识法在盐岩半饱和溶液试验中的 APE 柱状图和拟合曲线的散点图。从该图上可以看到,G-GKPI 法的拟合曲线几乎与试验数据重合,紧贴原始曲线,拟合效果最佳;其次是反分析法,其拟合曲线与原始数据有少量偏差,拟合效果较好;回归拟合法的拟合曲线前期与原始曲线走势一致,从蠕变中期开始与试验曲线偏离

程度越来越大,其拟合效果一般;而数值分析法的拟合点基本上都不在原始数据的周围,拟合效果很差。图 3-6 中代表 G-GKPI 法 APE 值的蓝色柱子都相对较低,说明其拟合值与原始值的偏差较小,拟合表现最好。

图 3-7 反映的是 G-GKPI、反分析、数值分析及回归拟合四种参数辨识法在盐岩饱和溶液试验中的 APE 柱状图和拟合曲线的散点图。图中,G-GKPI 法的拟合曲线在蠕变前期与试验原始曲线紧密贴合,只在最后三个点稍有偏离,拟合效果最好;其次是反分析法,其拟合曲线与原始数据有不同程度的偏离,拟合效果一般;回归拟合法和数值分析法的拟合点与试验数据偏离较大,拟合效果较差。图 3-7 中 G-GKPI 法的 APE 值都相对较低,拟合表现最好。

在水溶液试验中,我们选取了 MAPE、RMSPE、STD 和 R^2 四个评价指标对 G-GKPI、反分析、数值分析及回归拟合四种参数辨识法进行评价,评价结果如表 3-5 所示。

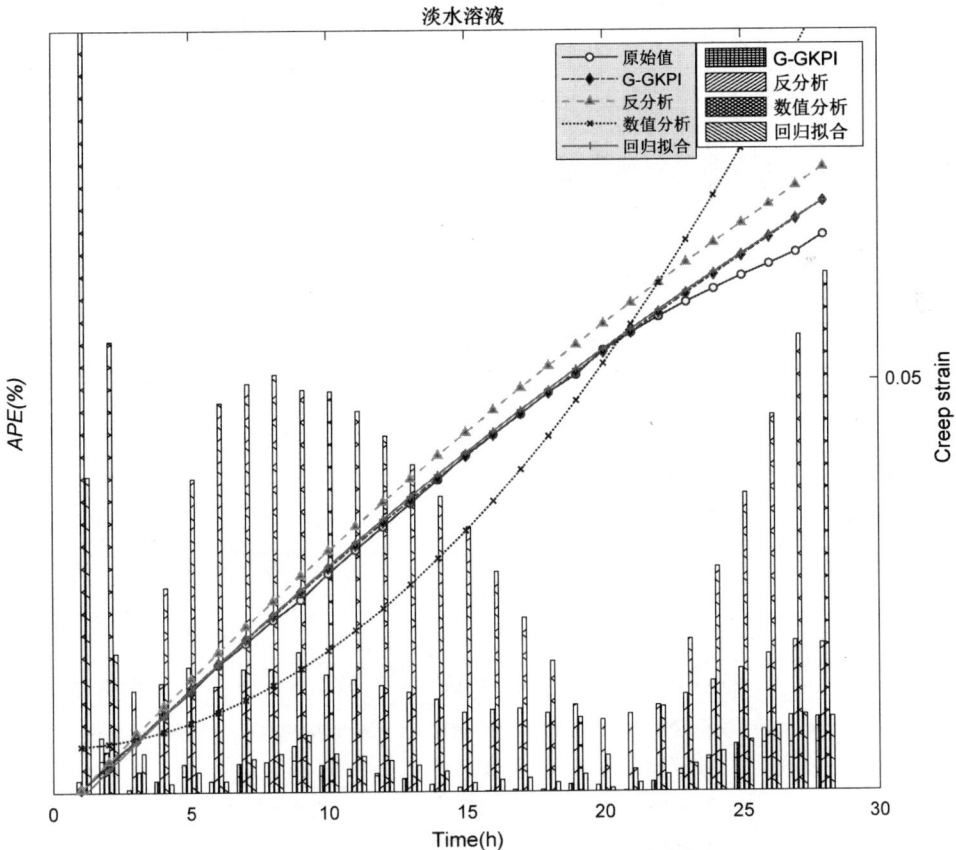

图 3-5　四种参数辨识法在淡水溶液中的拟合图及柱状图

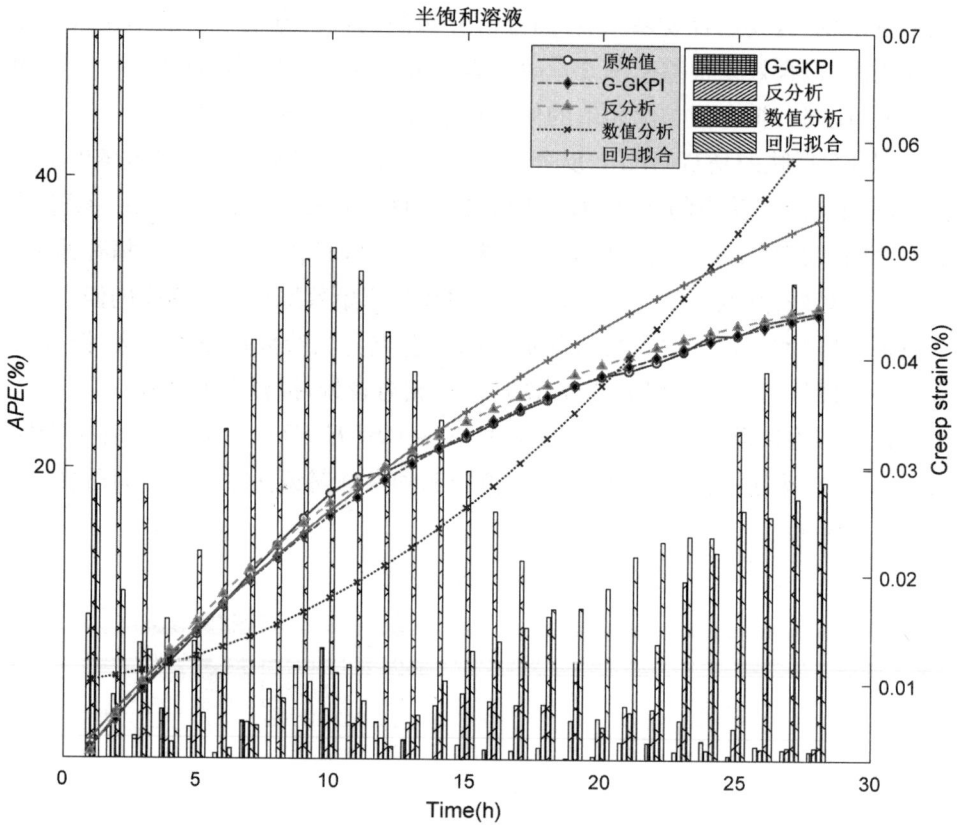

图 3-6　四种参数辨识法在半饱和溶液中的拟合图及柱状图

表 3-5　四种参数辨识法在不同浓度溶液中的评价指标结果

评价指标	淡水溶液			
	G-GKPI法	反分析法	数值分析法	回归拟合法
$MAPE(\%)$	**1.8085**	7.9187	26.0670	3.4712
$RMSPE(\%)$	**0.1341**	0.3717	1.0128	0.1460
$STD(\%)$	**1.7406**	2.3591	25.8357	4.6826
R^2	**0.9956**	0.9699	0.8522	0.9948
评价指标	半饱和溶液			
	G-GKPI法	反分析法	数值分析法	回归拟合法
$MAPE(\%)$	**1.8307**	3.5720	26.5397	9.4497
$RMSPE(\%)$	**0.0713**	0.0934	0.7417	0.4061
$STD(\%)$	**2.0308**	2.5367	27.8507	5.6552
R^2	**0.9964**	0.9940	0.7778	0.9219

（续表）

评价指标	饱和溶液			
	G-GKPI 法	反分析法	数值分析法	回归拟合法
$MAPE(\%)$	**2.1431**	7.8325	24.1246	13.9604
$RMSPE(\%)$	**0.1445**	0.1730	0.4114	0.3323
$STD(\%)$	**3.9306**	7.5810	41.6273	15.4677
R^2	**0.9558**	0.9507	0.6929	0.8613

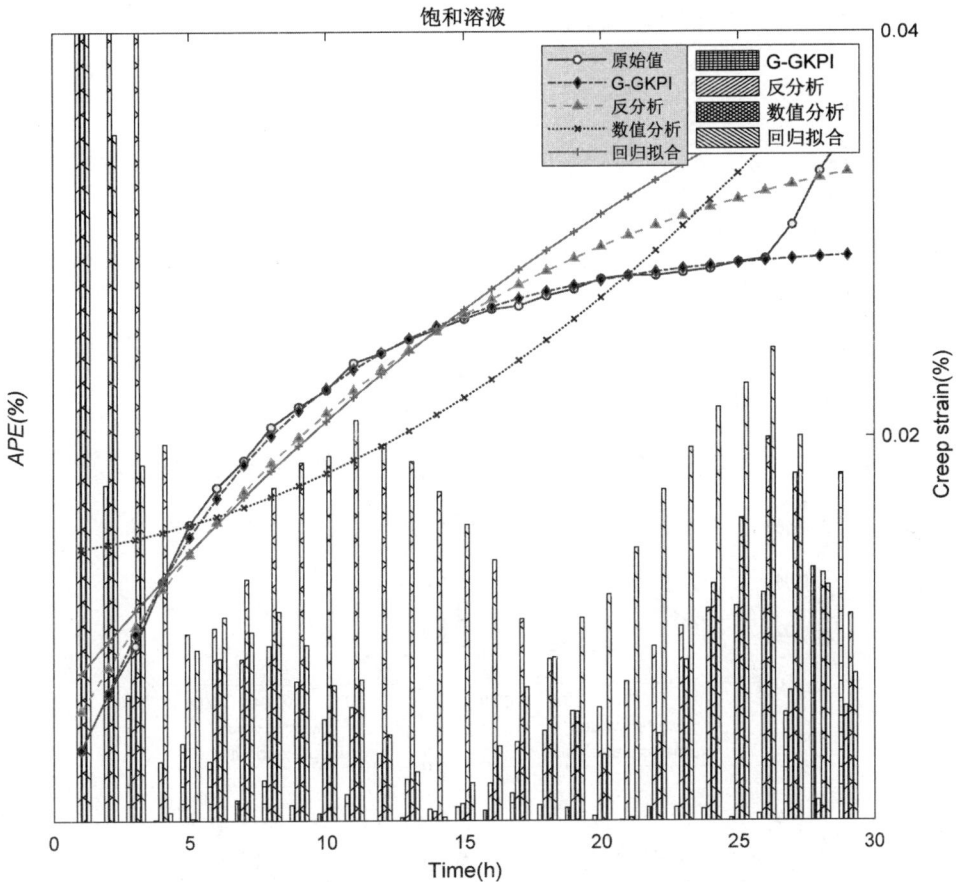

图 3-7　四种参数辨识法在饱和溶液中的拟合图及柱状图

图 3-8 至图 3-10 的上方分别是 G-GKPI、反分析、数值分析及回归拟合四种参数辨识法在三种溶液试验中的 $MAPE$，STD 和 $RMSPE$ 值的三维柱状图，下方是拟合优度 R^2 及线性回归的散点图。从这三组图中可以明显看出，本文提出的 G-GKPI 法的 $RMPSE$ 最低，同时 STD 和 $MAPE$ 值也是最小的，这意味

着 G-GKPI 法在拟合精度和鲁棒性方面表现最好。此外,在三个试验中 G-GKPI 法的 R^2 都是最高的,接近理想值 1,而其他方法的拟合优度 R^2 都相对较低。

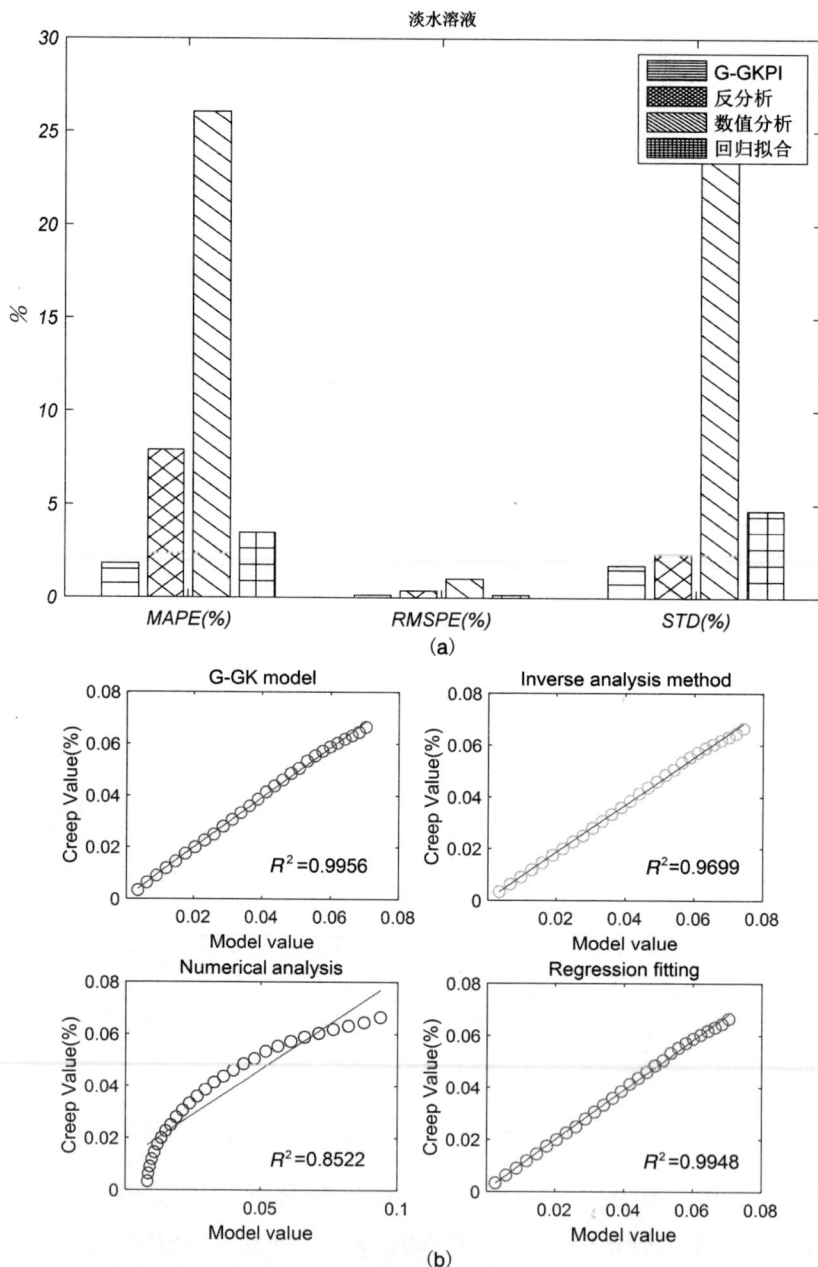

(a)

(b)

图 3-8　(a) 四种参数辨识法在淡水溶液试验中的 *MAPE*、*STD* 及 *RMSPE* 值的柱状图;

(b) 四种参数辨识法在淡水溶液试验中的相关系数及线性回归散点图

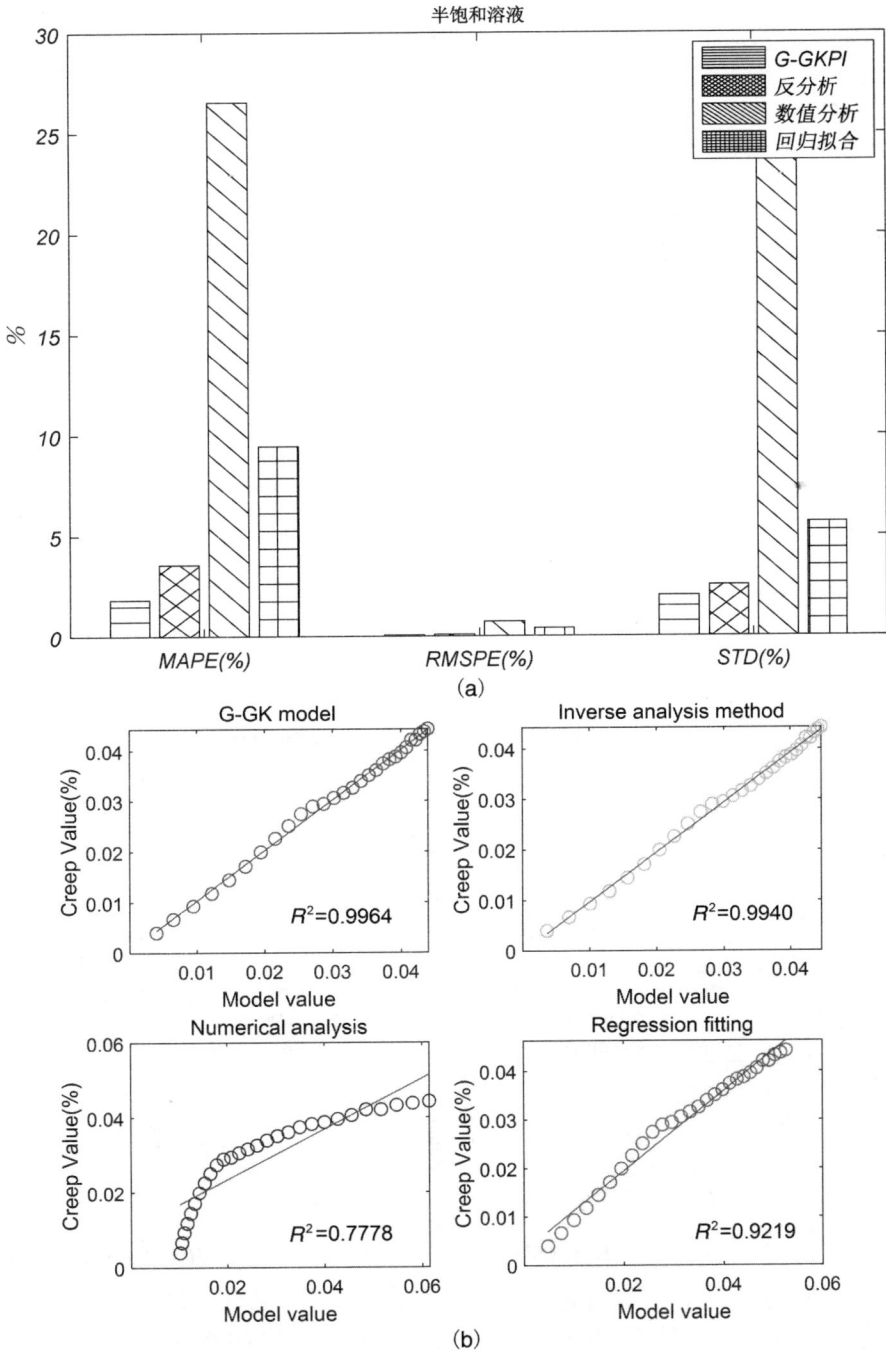

(a)

(b)

图 3-9 （a）四种参数辨识法在半饱和溶液试验中的 *MAPE*、*STD* 及 *RMSPE* 值的柱状图；
（b）四种参数辨识法在半饱和溶液试验中的相关系数及线性回归散点图

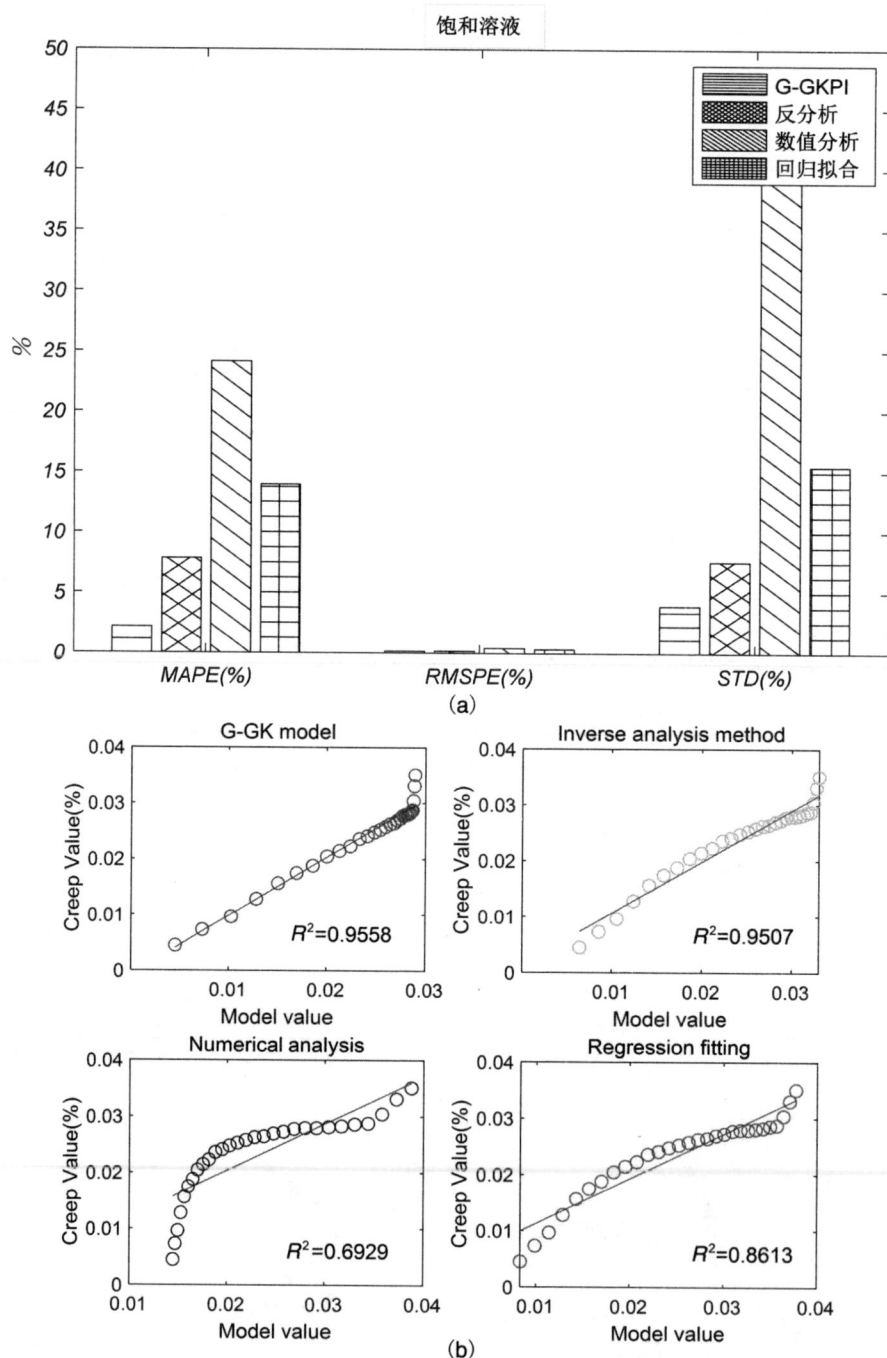

图 3-10 （a）四种参数辨识法在饱和溶液试验中的 *MAPE*、*STD* 及 *RMSPE* 值的柱状图；

（b）四种参数辨识法在饱和溶液试验中的相关系数及线性回归散点图

以上结果表明,在不同浓度的水溶液试验中,四种参数辨识法的表现各不相同。其中本文所提出的 G-GKPI 法与蠕变试验结果最为吻合,拟合效果最理想。说明新参数辨识法比较合理准确,更加适用于不同浓度渗透液作用下的盐岩蠕变试验的力学参数估计。

3.4.3 讨论分析

从盐岩试件干加工的单轴压缩试验到三种不同浓度的水溶性三轴压缩蠕变试验,本文所提出的 G-GKPI 法对两种盐岩的力学参数进行了辨识。结果分析如下:

长山盐矿的两种岩样的蠕变参数中弹性模量 E 相差不大,牛顿黏度系数 η 则随应力水平的不同而有明显变化。这是因为,两种岩样 NaCl 的含量高低、晶粒尺寸大小及胶结性质的不同造成两种岩样在蠕变过程中发生的现象不同,且由于在盐岩晶粒结晶过程中,因地质、环境等因素的影响,使晶粒内部存在着大量的缺陷,晶粒之间的交界面极不规则。所以 G-GKPI 法辨识出的盐岩力学参数性质也稍有差异。

盐岩在三种不同浓度溶液中的蠕变应变随渗透液浓度的不同而不同,这是因为非线性流变的黏弹性或黏塑性黏滞系数与时间和应力水平有关。淡水和半饱和溶液的前期蠕变大,后期蠕变小,没出现加速蠕变,因此 G-GKPI 法的拟合效果非常好。在饱和溶液中,虽然由于浓度效应,渗透液浓度越大,渗透液对钙芒硝中氯化钠的溶解能力越弱,但是对钙芒硝中的杂质以及硫酸钙的侵蚀软化作用却越强。随着试件经历的蠕变时间延长,试件底部软化严重,在同等应力条件下蠕变应变越大。因此,在蠕变后期出现了加速蠕变,G-GKPI 法的拟合效果比淡水和半饱和溶液的效果相对差一些。

综上所述,干湿两种盐岩蠕变试验的五组实测数据和四个评价指标,以及反分析法、回归拟合法和数值分析法对 G-GKPI 法的有效性和优越性进行了验证。实证结果显示,G-GKPI 法在两种试验中辨识的力学参数都能正确反映盐岩的各蠕变阶段,并且都表现出了良好的拟合性能,说明 G-GKPI 法比其他方法更稳定,能够更好地描述盐岩材料的黏弹性蠕变特性。新参数辨识法在这两种蠕变试验的案例研究中,能够有效地捕捉试验数据的发展特征,参数辨识准确,证明了 G-GKPI 法用于盐岩的参数辨识是准确合理的,具有一定的适用性。研究结果对以盐岩为介质的高放废物处理以及油气封存提供了一定的理论基础及参考依据。

3.5　小结

　　岩体流变本构模型的参数辨识一直是岩体力学理论与工程实践中的两大研究课题之一,也是架构理念联系实际的桥梁。本章基于灰色系统理论中的 1-AGO 算子提出了一种新的参数辨识法来研究盐岩力学参数辨识问题。本章主要内容如下:

　　(1) 根据盐岩蠕变力学参数辨识中存在的样本量小、样本分布的不规律性等特征,结合黏弹性理论和灰色 1-AGO 算子能消除或削弱原始序列随机性的特性,提出了基于广义开尔文模型中流变参数的灰色辨识法,并讨论了 G-GK 模型的灰参数辨识过程及时间响应式等性质;

　　(2) 新方法用灰色 1-AGO 算子处理原始蠕变数据,然后建立 G-GK 模型,基于 AM 法转化新模型中的力学参数为灰参数,建立两种参数之间的数学关系式,最后对广义开尔文模型的流变力学参数进行辨识;

　　(3) 通过分析单轴压缩条件下盐岩的中长期蠕变试验和不同浓度渗透液作用下的盐岩蠕变试验,根据试验得到的应力-应变-时间关系曲线,应用 G-GKPI 法探讨了盐岩在不同状态下的流变力学特征,并对 GK 模型的流变参数进行了辨识。结果证明了新方法的有效性,且与工程中常用的反分析法、回归拟合法和数值分析法进行了对比。

　　研究结果表明新参数辨识法在力学蠕变试验中所估计的流变参数都能正确地反映盐岩的各蠕变阶段,可以很好地解决流变参数识别中初始参数值选取难度大的问题,且拟合精度较高,具有一定的适用性。研究结果对以盐岩为介质的高放废物处理以及油气封存提供了一定的理论基础及参考依据。

　　G-GKPI 法是基于灰色模型的一种新参数辨识法,该方法可降低模型的病态性,具有收敛速度快、计算量小的特点。适用于岩体蠕变试验数据量有限,不具有加速蠕变特征的力学试验。

　　尽管 G-GKPI 法具有较强的理论和实践意义,但该方法仍需要进一步改进和完善。G-GK 模型虽然是灰色模型,但是该模型的解仍然是原 GK 模型的蠕变方程,所以新模型仍不能很好地描述具有加速蠕变特征的力学试验,具有一定的局限性。这种新参数辨识法对参数更多、模型更复杂的岩体流变模型是否适用暂且未知。如何克服这些不足将是我们今后要研究的方向。

第 4 章
伯格斯模型中流变参数的灰色辨识法

　　第 3 章基于广义开尔文模型提出了流变参数的灰色辨识法,获得了较好的辨识效果。然而,广义开尔文模型虽然应用广泛,却不能很好地描述岩体在恒定荷载过程中的变形问题。因此,本章在广义开尔文体的基础上增加组合元件,研究参数更多、结构更复杂的伯格斯模型的流变参数辨识。本章从伯格斯模型的蠕变方程出发,利用经典灰色预测模型的灰微分方程与本构方程的相似性,结合灰色模型的建模理论,建立灰色-伯格斯流变力学模型;基于最小二乘法计算新模型中的灰参数,引入灰色预测演化算法优化背景值,建立灰参数和力学参数之间的关系式,提出了一种新的基于伯格斯模型中流变参数的灰色辨识法;最后结合工程中常用的单轴压缩、三轴压缩及分级加载岩体蠕变试验,采用新方法对伯格斯模型中流变参数进行了参数辨识。

4.1　伯格斯流变力学模型

　　目前描述岩石流变的本构模型较多,其中经典伯格斯模型能合理描述岩石衰减蠕变与稳定蠕变阶段,在岩土工程中有较多的应用。伯格斯模型是一种黏弹性体,它是麦克斯韦体和开尔文体的串联。

　　麦克斯韦体是一种黏弹性体,其蠕变方程为

$$\varepsilon(t)=\frac{\sigma_0}{E_1}+\frac{\sigma_0}{\eta_1}t,$$

其中 E_1 和 η_1 为材料的弹性模量和牛顿黏性系数。由上式可知,麦克斯韦模型有瞬时应变,并且随着时间的增加而增大。该模型具有瞬时变形、等速蠕变和松弛效应的性质,可描述岩石的等速蠕变阶段。结合第 3 章开尔文模型的定义,伯格斯模型的具体定义如下。

定义 4.1.1 假设参数 σ 和 ε 分别是伯格斯流变力学模型的总的应变和应力;σ_1 和 σ_2 分别是麦克斯韦体和开尔文体的应力;ε_1 和 ε_2 分别为两者的应变,

对麦克斯韦体:

$$\dot{\varepsilon}_1 = \frac{1}{E_1}\dot{\sigma}_1 + \frac{1}{\eta_1}\sigma_1。$$

对开尔文体:

$$\sigma_2 = E_2\varepsilon_2 + \eta_2\dot{\varepsilon}_2,$$

且

$$\begin{cases} \sigma = \sigma_1 = \sigma_2, \\ \varepsilon = \varepsilon_1 + \varepsilon_2, \\ \dot{\varepsilon} = \dot{\varepsilon}_1 + \dot{\varepsilon}_2。 \end{cases}$$

则伯格斯模型的蠕变方程为

$$\varepsilon(t) = \frac{\sigma_0}{E_1} + \frac{\sigma_0}{E_2}(1 - e^{-\frac{E_2}{\eta_2}t}) + \frac{\sigma_0}{\eta_1}t, \tag{4-1}$$

其中参数 σ_0 是初始应力,E_1、E_2、η_1 及 η_2 分别是岩体的弹性模量和牛顿黏性系数。

目前,伯格斯模型流变参数辨识的方法主要是正分析法、反分析法及人工智能。杨逾等[1]根据勒梅特应变等价原理,提出的非线性损伤伯格斯模型有较好的拟合效果。易其康等[2]为了描述盐岩的非线性蠕变特性,根据损伤因子及蠕变的影响,将伯格斯模型中的线性牛顿体用非线性牛顿体代替,建立了改进的非线性伯格斯模型。唐佳等[3]基于岩体蠕变试验对伯格斯模型进行了改进。吴晓云等[4]基于人工冻结黏土蠕变变形试验,采用 PSO 算法对伯格斯模型流变参数进行了辨识。

① 杨逾,魏珂,刘文洲. 基于 Lemaitre 原理改进砂岩蠕变损伤模型研究[J]. 力学季刊,2018,39(1):164-170.

② 易其康,马林建,刘新宇,等. 考虑频率影响的盐岩变参数蠕变损伤模型[J]. 煤炭学报,2015,40(S1):93-99.

③ 唐佳,彭振斌,何忠明. 基于岩体蠕变试验的 Burgers 改进模型[J]. 中南大学学报(自然科学版),2017,48(9):2414-2424.

④ 吴晓云,刘爽. 冻结黏土开尔文与伯格斯蠕变模型分析[J]. 安徽理工大学学报(自然科学版),2020,40(2):67-72.

虽然这些方法都有其自身特点,却没有考虑岩体力学参数辨识存在信息少、不确定性及离散性的灰色系统特征,并且灰色模型的参数容易用最小二乘法等方法计算,相对简单和稳定。因此,本章将灰色系统理论和经典岩体流变伯格斯模型相结合,研究该模型的流变参数辨识问题。

4.2　灰色-伯格斯模型

4.2.1　建模的数学机理

由定义 4.1.1 可知,伯格斯模型的本构方程是一个微分方程。而在第二章的定义 2.4.2 中,灰色经典单变量 GM(1,1) 模型: $\gamma^{(0)}(t) + \alpha Z^{(1)}(t) = \beta$ 的白化方程 $\dfrac{\mathrm{d}\gamma^{(1)}(t)}{\mathrm{d}t} + \alpha\gamma^{(1)}(t) = \beta$ 也是微分方程,其模型的时间响应式为

$$\hat{\gamma}^{(0)}(t+1) = \left[\hat{\gamma}^{(0)}(t) - \frac{\beta}{\alpha}\right](1 - \mathrm{e}^{\alpha})\mathrm{e}^{-\alpha t},$$

将上式与伯格斯模型和蠕变方程(4-1)比较,会发现这两个方程非常相似,都是指数方程的形式。因此,可以考虑将伯格斯模型的本构方程转化为灰色微分方程,最后再利用灰色模型的参数辨识方法及其相关性质,对新模型的流变参数进行辨识。这就是 G-B 模型灰参数辨识法的机理。

下面先找出岩体流变伯格斯模型蠕变方程的原方程。

GM(1,1) 模型中 $\gamma^{(0)}(t)$ 是原始观测值,$\gamma^{(1)}(t)$ 是 $\gamma^{(0)}(t)$ 的 1-AGO 序列,则

$$\gamma^{(1)}(t) = \gamma^{(0)}(1) + \gamma^{(0)}(2) + \cdots + \gamma^{(0)}(t) = \sum_{m=1}^{t}\gamma^{(0)}(m)\ (t=1,2,\cdots,n),$$

特别地,当 $t=1$ 时,$\gamma^{(1)}(1) = \gamma^{(0)}(1)$。

显然,$\gamma^{(1)}(t) - \gamma^{(1)}(t-1) = \gamma^{(0)}(t)$ 是 1-AGO 的逆算子。

$Z^{(1)}(t)$ 是背景值序列: $\boldsymbol{Z}^{(1)} = (Z^{(1)}(2), Z^{(1)}(3), \cdots, Z^{(1)}(n))$。

类似地,在伯格斯模型中,假设 $\boldsymbol{\varepsilon}^{(0)} = (\varepsilon^{(0)}(1), \varepsilon^{(0)}(2), \cdots, \varepsilon^{(0)}(n))$ 是原始的蠕变序列,则

$$\varepsilon^{(1)}(t)=\varepsilon^{(0)}(1)+\varepsilon^{(0)}(2)+\cdots+\varepsilon^{(0)}(t)=\sum_{m=1}^{t}\varepsilon^{(0)}(m)(t=1,2,\cdots,n) \quad (4\text{-}2)$$

是 $\boldsymbol{\varepsilon}^{(0)}$ 的 1-AGO 序列。

根据灰色系统理论,我们有如下定理:

定理 4.2.1 假设序列 $\varepsilon^{(1)}(t)$ 是原始蠕变数据 $\boldsymbol{\varepsilon}^{(0)}$ 的 1-AGO 序列。则 $\varepsilon^{(1)}(t)$ 的原微分方程为

$$\frac{\mathrm{d}\varepsilon^{(1)}(t)}{\mathrm{d}t}+\frac{E_2}{\eta_2}\varepsilon^{(1)}(t)$$

$$=\frac{E_2\sigma_0}{2\eta_1\eta_2}t^2+(\frac{\sigma_0}{E_1}+\frac{\sigma_0}{E_2}+\frac{\sigma_0}{2\eta_1})(1+\frac{E_2}{\eta_2}t)+\frac{\sigma_0}{\eta_1}t+\frac{\sigma_0}{\eta_2}(1-\mathrm{e}^{\frac{E_2}{\eta_2}})^{-1}, \quad (4\text{-}3)$$

证明 伯格斯模型蠕变方程中 $\boldsymbol{\varepsilon}^{(0)}$ 的 1-AGO 序列是

$$\varepsilon^{(1)}(t)=\frac{\sigma_0}{2\eta_1}t^2+(\frac{\sigma_0}{E_1}+\frac{\sigma_0}{E_2}+\frac{\sigma_0}{2\eta_1})t+\frac{\sigma_0}{E_2}(1-\mathrm{e}^{\frac{E_2}{\eta_2}})^{-1}(1-\mathrm{e}^{-\frac{E_2}{\eta_2}t})。$$

因为

$$\varepsilon^{(0)}(t)=\varepsilon^{(1)}(t)-\varepsilon^{(1)}(t-1)$$

$$=\frac{\sigma_0}{2\eta_1}t^2-\frac{\sigma_0}{E_2}(1-\mathrm{e}^{\frac{E_2}{\eta_2}})^{-1}\mathrm{e}^{-\frac{E_2}{\eta_2}t}-\frac{\sigma_0}{2\eta_1}(t-1)^2+(\frac{\sigma_0}{E_1}+\frac{\sigma_0}{E_2}+\frac{\sigma_0}{2\eta_1})+$$

$$\frac{\sigma_0}{E_2}(1-\mathrm{e}^{\frac{E_2}{\eta_2}})^{-1}\mathrm{e}^{-\frac{E_2}{\eta_2}(t-1)}$$

$$=\frac{\sigma_0}{E_1}+\frac{\sigma_0}{E_2}(1-\mathrm{e}^{-\frac{E_2}{\eta_2}t})+\frac{\sigma_0}{\eta_1}t。$$

由于 GM(1,1) 的白化微分方程是用 $\gamma^{(1)}(t)$ 定义的,则 $\varepsilon^{(1)}(t)$ 的原微分方程求解过程如下:

显然公式(4-3)是一个一阶线性非齐次微分方程,可采用常数变易法求出该方程的解析解。首先,令公式(4-3)右边为 0,则

$$\frac{\mathrm{d}\varepsilon^{(1)}(t)}{\mathrm{d}t}+\frac{E_2}{\eta_2}\varepsilon^{(1)}(t)=0, \quad (4\text{-}4)$$

此时,公式(4-4)为齐次微分方程。则公式(4-4)的通解为:

$$\varepsilon^{(1)}(t)=c^* \cdot \mathrm{e}^{-\frac{E_2}{\eta_2}t}(c^* \text{为任意常数})。 \quad (4\text{-}5)$$

采用常数变分法计算公式(4-5)的解。令

$$\varepsilon^{(1)}(t)=c^*(t) \cdot \mathrm{e}^{-\frac{E_2}{\eta_2}t}, \quad (4\text{-}6)$$

则

$$c^*(t) = \left[\frac{\sigma_0}{E_2}(1-e^{\frac{E_2}{\eta_2}})^{-1} + (\frac{\sigma_0}{E_1}+\frac{\sigma_0}{E_2}+\frac{\sigma_0}{2\eta_1})t + \frac{\sigma_0}{2\eta_1}t^2\right]e^{\frac{E_2}{\eta_2}t} + c_1^*, \quad (4\text{-}7)$$

其中 c_1^* 是任意常数。

初始条件为时间 $t=0$ 时，$\varepsilon^{(1)}(0)=0$，$\varepsilon^{(0)}(0)=\frac{\sigma_0}{E_1}$。因为施加瞬时应力 σ_0 后，在开尔文体中，由于阻尼器的惰性，阻止弹簧产生瞬时变形，应变为 0，而在麦克斯韦体中，则会产生变形 $\frac{\sigma_0}{E_1}$，即整个模型在 $t=0$ 时产生的变形为 $\frac{\sigma_0}{E_1}$。即

$$\begin{cases} \varepsilon^{(1)}(0)=0, \varepsilon^{(0)}(0)=\dfrac{\sigma_0}{E_1}, \\ \varepsilon^{(1)}(t) = \left\{\left[\dfrac{\sigma_0}{E_2}(1-e^{\frac{E_2}{\eta_2}})-1+(\dfrac{\sigma_0}{E_1}+\dfrac{\sigma_0}{E_2}+\dfrac{\sigma_0}{2\eta_1})t+\dfrac{\sigma_0}{2\eta_1}t^2\right]e^{\frac{E_2}{\eta_2}t}+c_1^*\right\} \cdot e^{-\frac{E_2}{\eta_2}t}, \end{cases}$$

$$(4\text{-}8)$$

则

$$c_1^* = -\frac{\sigma_0}{E_2}(1-e^{\frac{E_2}{\eta_2}})^{-1}, \quad (4\text{-}9)$$

将公式(4-8)和公式(4-9)代入公式(4-5)，我们有

$$\varepsilon^{(1)}(t) = \frac{\sigma_0}{2\eta_1}t^2 + (\frac{\sigma_0}{E_1}+\frac{\sigma_0}{E_2}+\frac{\sigma_0}{2\eta_1})t + \frac{\sigma_0}{E_2}(1-e^{\frac{E_2}{\eta_2}})^{-1}(1-e^{-\frac{E_2}{\eta_2}t}).$$

将 $\varepsilon^{(1)}(t)$ 的表达式代入公式(4-3)左边，则

$$\frac{d\varepsilon^{(1)}(t)}{dt} + \frac{E_2}{\eta_2}\varepsilon^{(1)}(t)$$

$$= \frac{\sigma_0}{\eta_1}t + \frac{\sigma_0}{E_1}+\frac{\sigma_0}{E_2}+\frac{\sigma_0}{2\eta_1}+\frac{\sigma_0}{\eta_2}(1-e^{\frac{E_2}{\eta_2}})-1e^{-\frac{E_2}{\eta_2}t} + \frac{E_2}{\eta_2}\left[\frac{\sigma_0}{2\eta_1}t^2+(\frac{\sigma_0}{E_1}+\frac{\sigma_0}{E_2}+\frac{\sigma_0}{2\eta_1})t+\right.$$

$$\left.\frac{\sigma_0}{E_2}(1-e^{\frac{E_2}{\eta_2}})-1(1-e^{-\frac{E_2}{\eta_2}t})\right]$$

$$= \frac{E_2\sigma_0}{2\eta_1\eta_2}t^2 + (\frac{\sigma_0}{E_1}+\frac{\sigma_0}{E_2}+\frac{\sigma_0}{2\eta_1})(1+\frac{E_2}{\eta_2}t) + \frac{\sigma_0}{\eta_1}t + \frac{\sigma_0}{\eta_2}(1-e^{\frac{E_2}{\eta_2}})^{-1},$$

与公式(4-3)右边相等。

定理得证。

定理 4.2.1 是将伯格斯模型的蠕变方程转化为灰色白化方程的过程，将该方程离散化就可以得到下面的灰色-伯格斯模型。

4.2.2　灰色-伯格斯模型的定义

接下来建立灰色-伯格斯模型。定理 4.2.1 中 $\varepsilon^{(1)}(t)$ 的原微分方程为公式

(4-3),即

$$\frac{\mathrm{d}\varepsilon^{(1)}(t)}{\mathrm{d}t}+\frac{E_2}{\eta_2}\varepsilon^{(1)}(t)$$

$$=\frac{E_2\sigma_0}{2\eta_1\eta_2}t^2+(\frac{\sigma_0}{E_1}+\frac{\sigma_0}{E_2}+\frac{\sigma_0}{2\eta_1})(1+\frac{E_2}{\eta_2}t)+\frac{\sigma_0}{\eta_1}t+\frac{\sigma_0}{\eta_2}(1-\mathrm{e}^{\frac{E_2}{\eta_2}})^{-1}。$$

根据岩体力学试验数据的不连续性,将上式离散化:

(1) 该式左边第一项$\frac{\mathrm{d}\varepsilon^{(1)}(t)}{\mathrm{d}t}$可由差异信息原理转化为$\varepsilon^{(0)}(t)$,即

$$\frac{\mathrm{d}\varepsilon^{(1)}(t)}{\mathrm{d}t}=\lim_{\Delta t\to 0}\frac{\Delta\varepsilon^{(1)}(t)}{\Delta t}$$

$$\approx\frac{\varepsilon^{(1)}(t)-\varepsilon^{(1)}(t-1)}{t-(t-1)}$$

$$=\varepsilon^{(1)}(t)-\varepsilon^{(1)}(t-1)$$

$$=\varepsilon^{(0)}(t)。\tag{4-10}$$

(2) 当$k-1\leqslant t\leqslant k$时,公式(4-3)的左边第二项$\varepsilon^{(1)}(t)$可转化为背景值序列,即

$$\varepsilon^{(1)}(t)|_{[k-1,k]}\approx r\varepsilon^{(1)}(k)+(1-r)\varepsilon^{(1)}(k-1)=z^{(1)}(t),\tag{4-11}$$

其中,$0\leqslant r\leqslant 1,t=2,3,\cdots,n$。

将公式(4-10)和(4-11)代入公式(4-3)可得

$$\varepsilon^{(0)}(t)+\frac{E_2}{\eta_2}z^{(1)}(t)=$$

$$\frac{E_2\sigma_0}{2\eta_1\eta_2}t^2+(\frac{\sigma_0}{E_1}+\frac{\sigma_0}{E_2}+\frac{\sigma_0}{2\eta_1})(1+\frac{E_2}{\eta_2}t)+\frac{\sigma_0}{\eta_1}t+\frac{\sigma_0}{\eta_2}(1-\mathrm{e}^{\frac{E_2}{\eta_2}})^{-1}。\tag{4-12}$$

这就是伯格斯模型蠕变方程的灰微分方程。下面给出灰色-伯格斯模型的详细定义:

定义4.2.1 假设$\boldsymbol{\varepsilon}^{(0)}=(\varepsilon^{(0)}(1),\varepsilon^{(0)}(2),\cdots,\varepsilon^{(0)}(n))$是原始蠕变数据,$\boldsymbol{\varepsilon}^{(1)}$是$\boldsymbol{\varepsilon}^{(0)}$的1-AGO序列。如果将变量$t$看成灰色变量,则

$$\varepsilon^{(0)}(t)+\frac{E_2}{\eta_2}z^{(1)}(t)=\frac{E_2\sigma_0}{2\eta_1\eta_2}t^2+(\frac{\sigma_0}{E_1}+\frac{\sigma_0}{E_2}+\frac{\sigma_0}{2\eta_1})(1+\frac{E_2}{\eta_2}t)+\frac{\sigma_0}{\eta_1}t+\frac{\sigma_0}{\eta_2}(1-\mathrm{e}^{\frac{E_2}{\eta_2}})^{-1}$$

称为灰色-伯格斯模型(Grey-Burgers),简记为G-B模型。其中$z^{(1)}(t)$是背景值序列:

$$z^{(1)}(t)=r\varepsilon^{(1)}(t)+(1-r)\varepsilon^{(1)}(t-1),$$

其中$0\leqslant r\leqslant 1,t=2,3,\cdots,n$。

公式(4-3)称为 G-B 模型的白化微分方程,即

$$\frac{d\varepsilon^{(1)}(t)}{dt}+\frac{E_2}{\eta_2}\varepsilon^{(1)}(t)$$

$$=\frac{E_2\sigma_0}{2\eta_1\eta_2}t^2+(\frac{\sigma_0}{E_1}+\frac{\sigma_0}{E_2}+\frac{\sigma_0}{2\eta_1})(1+\frac{E_2}{\eta_2}t)+\frac{\sigma_0}{\eta_1}t+\frac{\sigma_0}{\eta_2}(1-e^{\frac{E_2}{\eta_2}})^{-1}。$$

定义 4.2.1 可以看成是灰色 GM(1,1) 和伯格斯模型相结合的一个灰色模型,G-B 模型的白化方程是一个非线性微分方程,其中有四个流变力学黏弹性系数 E_1、E_2、η_1、η_2,这四个力学参数就是我们要辨识的对象。

下面将探讨四个参数的辨识过程。

4.3　伯格斯模型中流变参数的灰色辨识法

本小节主要研究伯格斯模型的流变参数辨识问题。首先采用最小二乘法对新模型中的灰参数进行辨识,然后建立力学参数和灰参数之间的关系式,从而完成岩石流变伯格斯模型的流变力学参数辨识。此外,本节还利用灰色演化算法对 G-B 模型中的背景值进行了优化,并详细总结了新方法的辨识过程。

4.3.1　G-B 模型的灰色辨识

下面用最小二乘法研究 G-B 模型的灰参数辨识。

定理 4.3.1　G-B 模型的表达式中:

$$\varepsilon^{(0)}(t)+\frac{E_2}{\eta_2}z^{(1)}(t)=\frac{E_2\sigma_0}{2\eta_1\eta_2}t^2+(\frac{\sigma_0}{E_1}+\frac{\sigma_0}{E_2}+\frac{\sigma_0}{2\eta_1})(1+\frac{E_2}{\eta_2}t)+\frac{\sigma_0}{\eta_1}t+\frac{\sigma_0}{\eta_2}(1-e^{\frac{E_2}{\eta_2}})^{-1},$$

令 $a=\frac{E_2}{\eta_2}$,$b=\frac{E_2\sigma_0}{2\eta_1\eta_2}$,$c=\frac{\sigma_0}{\eta_1}+\frac{\sigma_0}{\eta_2}+\frac{E_2\sigma_0}{\eta_2E_1}+\frac{E_2\sigma_0}{2\eta_1\eta_2}$,$d=\frac{\sigma_0}{E_1}+\frac{\sigma_0}{E_2}+\frac{\sigma_0}{2\eta_1}+\frac{\sigma_0}{\eta_2}$ $(1-e^{\frac{E_2}{\eta_2}})^{-1}$,则公式(4-12)可表示为

$$\varepsilon^{(0)}(t)+az^{(1)}(t)=bt^2+ct+d,$$

其中 a,b,c,d 称为灰参数。

此时,G-B 模型的灰参数满足

$$\boldsymbol{P}=(a,b,c,d)^{\mathrm{T}}=(\boldsymbol{B}^{\mathrm{T}}\boldsymbol{B})^{-1}\boldsymbol{B}^{\mathrm{T}}\boldsymbol{Y},$$

其中

$$Y = \begin{pmatrix} \varepsilon^{(0)}(2) \\ \varepsilon^{(0)}(3) \\ \vdots \\ \varepsilon^{(0)}(n) \end{pmatrix}, B = \begin{pmatrix} -z^{(1)}(2) & 2^2 & 2 & 1 \\ -z^{(1)}(3) & 3^2 & 3 & 1 \\ \vdots & \vdots & \vdots & \vdots \\ -z^{(1)}(n) & n^2 & n & 1 \end{pmatrix}。$$

证明 将原始序列 $\varepsilon^{(0)}(t)$ 代入公式(4-12),则有

$$\begin{cases} \varepsilon^{(0)}(2) + az^{(1)}(2) = 2^2 b + 2c + d, \\ \varepsilon^{(0)}(3) + az^{(1)}(3) = 3^2 b + 3c + d, \\ \qquad\qquad \vdots \\ \varepsilon^{(0)}(n) + az^{(1)}(n) = n^2 b + nc + d。 \end{cases}$$

移项得:

$$\begin{cases} \varepsilon^{(0)}(2) = -az^{(1)}(2) + 2^2 b + 2c + d, \\ \varepsilon^{(0)}(3) = -az^{(1)}(3) + 3^2 b + 3c + d, \\ \qquad\qquad \vdots \\ \varepsilon^{(0)}(n) = -az^{(1)}(n) + n^2 b + nc + d, \end{cases} \tag{4-13}$$

则式(4-13)的矩阵形式为:

$$\begin{pmatrix} \varepsilon^{(0)}(2) \\ \varepsilon^{(0)}(3) \\ \vdots \\ \varepsilon^{(0)}(n) \end{pmatrix} = \begin{pmatrix} -z^{(1)}(2) & 2^2 & 2 & 1 \\ -z^{(1)}(3) & 3^2 & 3 & 1 \\ \vdots & \vdots & \vdots & \vdots \\ -z^{(1)}(n) & n^2 & n & 1 \end{pmatrix} \begin{pmatrix} a \\ b \\ c \\ d \end{pmatrix}, \tag{4-14}$$

令

$$Y = \begin{pmatrix} \varepsilon^{(0)}(2) \\ \varepsilon^{(0)}(3) \\ \vdots \\ \varepsilon^{(0)}(n) \end{pmatrix}, B = \begin{pmatrix} -z^{(1)}(2) & 2^2 & 2 & 1 \\ -z^{(1)}(3) & 3^2 & 3 & 1 \\ \vdots & \vdots & \vdots & \vdots \\ -z^{(1)}(n) & n^2 & n & 1 \end{pmatrix}, P = \begin{pmatrix} a \\ b \\ c \\ d \end{pmatrix},$$

则式(4-14)可简写为 $Y = BP$。

基于最小二乘法,则

$$\min \| Y - BP \|^2 = \min (Y - BP)^\mathrm{T} (Y - BP),$$

若误差序列为: $e = Y - BP$,则令

$$\omega = e^\mathrm{T} e = (Y - BP)^\mathrm{T} (Y - BP)。$$

此时我们有:

$$\omega = \sum_{k=2}^{r} [\varepsilon^{(0)}(t) + az^{(1)}(t) - t^2 b - tc - d]^2 。$$

即

$$\begin{cases} \dfrac{\partial \omega}{\partial a} = 2\sum_{k=2}^{r} [\varepsilon^{(0)}(t) + az^{(1)}(t) - t^2 b - tc - d] z^{(1)}(t) = 0, \\[3mm] \dfrac{\partial \omega}{\partial b} = -2\sum_{k=2}^{r} [\varepsilon^{(0)}(t) + az^{(1)}(t) - t^2 b - tc - d] t^2 = 0, \\[3mm] \dfrac{\partial \omega}{\partial c} = -2\sum_{k=2}^{r} [\varepsilon^{(0)}(t) + az^{(1)}(t) - t^2 b - tc - d] t = 0, \\[3mm] \dfrac{\partial \omega}{\partial d} = -2\sum_{k=2}^{r} [\varepsilon^{(0)}(t) + az^{(1)}(t) - t^2 b - tc - d] = 0 。 \end{cases} \tag{4-15}$$

整理式(4-15),可得：

$$\begin{cases} \sum_{k=2}^{r} [\varepsilon^{(0)}(t) + az^{(1)}(t) - t^2 b - tc - d] z^{(1)}(t) = 0, \\[3mm] \sum_{k=2}^{r} [\varepsilon^{(0)}(t) + az^{(1)}(t) - t^2 b - tc - d] t^2 = 0, \\[3mm] \sum_{k=2}^{r} [\varepsilon^{(0)}(t) + az^{(1)}(t) - t^2 b - tc - d] t = 0, \\[3mm] \sum_{k=2}^{r} [\varepsilon^{(0)}(t) + az^{(1)}(t) - t^2 b - tc - d] = 0, \end{cases}$$

则

$$\boldsymbol{B}^{\mathrm{T}} \boldsymbol{e} = 0$$
$$\Rightarrow \boldsymbol{B}^{\mathrm{T}} (\boldsymbol{Y} - \boldsymbol{BP}) = 0$$
$$\Rightarrow \boldsymbol{B}^{\mathrm{T}} \boldsymbol{Y} - \boldsymbol{B}^{\mathrm{T}} \boldsymbol{BP} = 0$$
$$\Rightarrow \boldsymbol{P} = (\boldsymbol{B}^{\mathrm{T}} \boldsymbol{B})^{-1} \boldsymbol{B}^{\mathrm{T}} \boldsymbol{Y},$$

即

$$\boldsymbol{P} = (a, b, c, d)^{\mathrm{T}} = (\boldsymbol{B}^{\mathrm{T}} \boldsymbol{B})^{-1} \boldsymbol{B}^{\mathrm{T}} \boldsymbol{Y} 。$$

定理得证。

定理 4.3.1 是 G-B 模型中灰参数的计算公式,G-B 模型的灰参数的精确值可由公式 $(a, b, c, d)^{\mathrm{T}} = (\boldsymbol{B}^{\mathrm{T}} \boldsymbol{B})^{-1} \boldsymbol{B}^{\mathrm{T}} \boldsymbol{Y}$ 求得。

4.3.2 GBPI 法

根据上一节 G-B 模型的灰参数辨识过程,我们注意到灰参数 a、b、c、d 是用力学黏弹性系数 E_1、E_2、η_1、η_2 表示的,由此可以得到灰参数与力学参数之间的关系式如下:

定理 4.3.2 G-B 模型中的弹性模量(E_1,E_2)和牛顿黏滞系数(η_1,η_2)可表示为

$$\begin{cases} \eta_1 = \dfrac{a\sigma_0}{2b}, \\[2mm] \dfrac{\sigma_0}{\eta_2} = (d - \dfrac{ac-2b}{a^2})(1-\mathrm{e}^a), \\[2mm] \dfrac{\sigma_0}{E_1} = \dfrac{c-b}{a} - \dfrac{2b}{a^2} - (d - \dfrac{ac-2b}{a^2})\cdot\dfrac{(1-\mathrm{e}^a)}{a}, \\[2mm] \dfrac{\sigma_0}{E_2} = (d - \dfrac{ac-2b}{a^2})\cdot\dfrac{(1-\mathrm{e}^a)}{a}, \end{cases} \tag{4-15}$$

其中 σ_0 是初始应力。

证明 根据定理 4.3.1,可以联立方程组

$$\begin{cases} a = \dfrac{E_2}{\eta_2}, \\[2mm] b = \dfrac{E_2\sigma_0}{2\eta_1\eta_2}, \\[2mm] c = \dfrac{\sigma_0}{\eta_1} + \dfrac{\sigma_0}{\eta_2} + \dfrac{E_2\sigma_0}{\eta_2 E_1} + \dfrac{E_2\sigma_0}{2\eta_1\eta_2}, \\[2mm] d = \dfrac{\sigma_0}{E_1} + \dfrac{\sigma_0}{E_2} + \dfrac{\sigma_0}{2\eta_1} + \dfrac{\sigma_0}{\eta_2}(1-\mathrm{e}^{\frac{E_2}{\eta_2}})^{-1}。 \end{cases} \tag{4-16}$$

上式是一个关于流变参数 E_1、E_2、η_1、η_2 的四元一次方程组,解之得

$$\begin{cases} \eta_1 = \dfrac{a\sigma_0}{2b}, \\[2mm] \dfrac{\sigma_0}{\eta_2} = (d - \dfrac{ac-2b}{a^2})(1-\mathrm{e}^a), \\[2mm] \dfrac{\sigma_0}{E_1} = \dfrac{c-b}{a} - \dfrac{2b}{a^2} - (d - \dfrac{ac-2b}{a^2})\cdot\dfrac{(1-\mathrm{e}^a)}{a}, \\[2mm] \dfrac{\sigma_0}{E_2} = (d - \dfrac{ac-2b}{a^2})\cdot\dfrac{(1-\mathrm{e}^a)}{a}, \end{cases}$$

其中 σ_0 是初始应力。

定理得证。

定理 4.3.2 称为伯格斯模型中流变参数的灰色辨识法，简记为 GBPI 法。该定理构建了力学流变参数和灰参数之间的关系式。因此，由该定理可分别计算出 G-B 模型的弹性模量（E_1，E_2）和牛顿黏滞系数（η_1，η_2）。相对于常用的流变参数辨识法来说，用 GBPI 法对力学参数进行辨识时，灰参数的辨识可直接量化，计算量少，也更为精确。

4.3.3　灰色预测演化算法

本小节简要概述灰色预测演化算法（GPE）的思想和特点。

Hu 等[①]提出的 GPE 算法是一种新型的随机优化算法，具有代码简单、参数少、探索能力强的优点。该算法将灰色 GM(1，1) 引入演化算法，并将演化算法的种群序列视为一个时间序列，然后用 GM(1，1) 来预测后代的个体。GPE 主要从以下三个方面来解决各种优化问题：(1) 采用不同的灰色预测模型来构建其他类型的 GPE 算法；(2) 引入演化策略以改善 GPE 算法；(3) 应用 GPE 算法解决多模式多目标优化问题。

为了直观地显示 GPE 算法的优势，我们将平均目标函数值的收敛曲线可视化，并将 GPE 的搜索性能与其他三种经典优化算法（差分进化算法 DE、粒子群算法 PSO 和鸟群算法 BSA）进行比较。测试时，四种算法独立运行 30 次，种群大小设为 50，最大迭代次数 M 设定为 800。图 4-1 是 GPE、DE、PSO 和 BSA 四种优化算法的收敛曲线，其中 x 轴是迭代次数，y 轴是平均目标函数值。GPE 的收敛曲线被设定为红色实线，并用 * 标记，其他算法见图 4-1。为了清楚地比较这些算法，在平均目标函数值大约为 100 代时，绘制了 80 至 130 代的子图。从图 4-1 可以看出，GPE 和 DE 算法的平均目标函数值明显优于其他算法（PSO、BSA）。对于 DE 算法来说，它与 GPE 的收敛效果不相上下。

此外，DE、PSO、BSA 三种算法的参数如下所示。

(1) 差分进化算法（DE）：突变率 $F = 0.6$，交叉率 $CR = 0.8$。

(2) 粒子群算法（PSO）：惯性权重 $w = 0.7$，个体学习系数 $c1 = 2$，全局学习系数 $c2 = 2$。

(3) 鸟群算法（BSA）：比例系数 $F = 3 \cdot randn$，其中 $randn \sim N(0,1)$。

① HU Z B, XU X L, SU Q H, et al. Grey prediction evolution algorithm for global optimization[J]. Applied Mathematical Modelling，2020(79)：145-160.

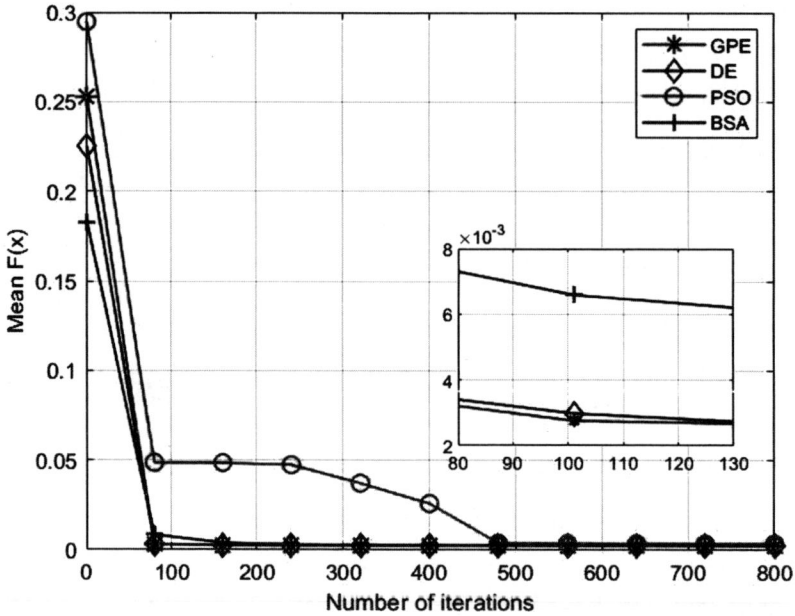

图 4-1　四种优化算法的收敛曲线

GPE 算法是一种无参数的随机优化算法,与上述有一到三个参数的经典优化算法不同的是,GPE 由于其无参数的特性,更适用于解决工程应用等实际问题。基于上述分析,GPE 是该函数的最佳优化算法。

因此本文将 GPE 引入 G-B 模型的背景值 $z^{(1)}(t) = r\varepsilon^{(1)}(t) + (1-r)\varepsilon^{(1)}(t-1)(0 < r < 1, t = 2,3,\cdots,n)$ 的参数 r 优化中。这里用 $MAPE$ 的最小准则对参数 r 进行了优化,目标函数及约束条件如下:

$$F_{MAPE}(k) = \min\left\{\frac{1}{k-1}\sum_{t=2}^{k}\frac{|\hat{\varepsilon}^{(0)}(t) - \varepsilon^{(0)}(t)|}{\varepsilon^{(0)}(t)}\right\},$$

s. t.

$$\begin{cases} 0 < r < 1, \\ z^{(1)}(t) = r\varepsilon^{(1)}(t) + (1-r)\varepsilon^{(1)}(t-1), \\ \boldsymbol{B} = \begin{pmatrix} -z^{(1)}(2) & 2^2 & 2 & 1 \\ -z^{(1)}(3) & 3^2 & 3 & 1 \\ \vdots & \vdots & \vdots & \vdots \\ -z^{(1)}(n) & n^2 & n & 1 \end{pmatrix}, \\ (a,b,c,d)^{\mathrm{T}} = (\boldsymbol{B}^{\mathrm{T}}\boldsymbol{B})^{-1}\boldsymbol{B}^{\mathrm{T}}\boldsymbol{Y}, \end{cases}$$

其中 $\varepsilon^{(0)}(t)$ 是岩体蠕变试验的原始数据，$\varepsilon^{(1)}(t)$ 是 $\varepsilon^{(0)}(t)$ 的 1-AGO 算子，a、b、c、d 是 G-B 模型的灰参数。

上述优化可用 MATLAB 编程计算。

下面给出 GBPI 法的流程图和伪代码。

4.3.4　GBPI 参数辨识流程图及伪代码

为了在量化的角度分析 GBPI 法的辨识效果，本章将使用 $MAPE$ 和 APE 这两个统计误差测度指标对各类参数辨识法进行评价，$MAPE$ 和 APE 的公式如下所示：

$$APE = \frac{|\hat{X}^{(0)}(t) - X^{(0)}(t)|}{X^{(0)}(t)}, \tag{4-17}$$

$$MAPE = \frac{1}{r}\sum_{t=t_1}^{t_r}\frac{|\hat{X}^{(0)}(t) - X^{(0)}(t)|}{X^{(0)}(t)} \times 100\%。$$

根据以上分析，下面给出灰参数力学辨识 GBPI 法的流程图，如图 4-2 所示。

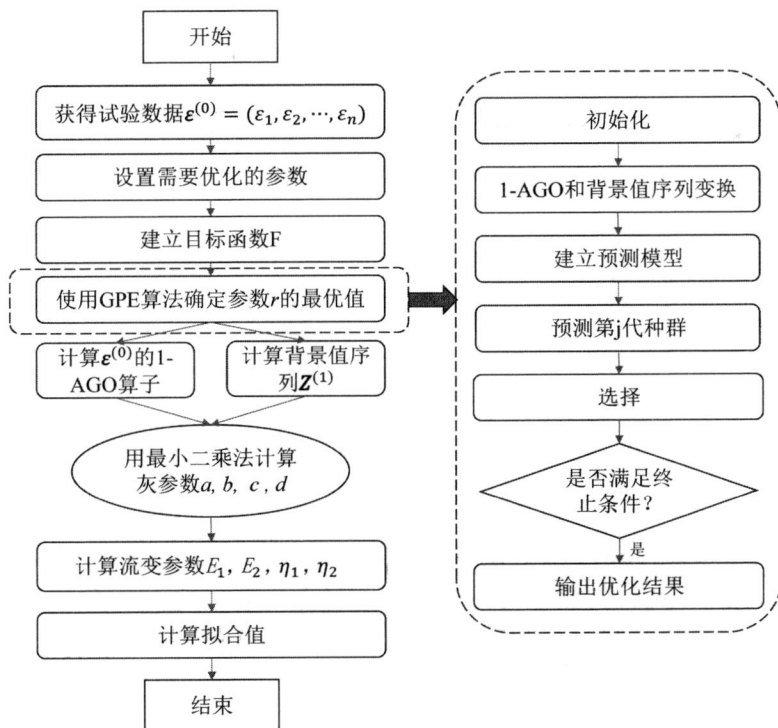

图 4-2　GBPI 法参数辨识的流程图

GBPI 法参数辨识的伪代码如下。

Algorithm 1：The pseudocode of mechanical parameter identification in G-B model.

Input：$\varepsilon^{(0)}(t)=(\varepsilon_1,\varepsilon_2,\cdots,\varepsilon_n)$

Output：Optimal solution $f\ (MAPE,\ r)$.

1 Find out the optimal value by GPE；

  Initialization：

  Initialize $X^{(g)}\ (g=0,1,2)$ according to $x_{i,j}^g=Low_j+rand\cdot(Up_j-Low_j)$

    for $g=3$ to $g=M$ do

      Reproduction

      for $i=1:N:j=1:D$ do

        according to GM(1,1) to makeup an function for forecasting the next population

        $U^{(g)}$ is trial population of $X^{(g)}\ (g=0,1,2)$

      end

      for $i=1:N$ do

        if trial individual $U^{(g)}<$target individual $X^{(g)}$

          accepted for the next generation

        else

          $X^{(g)}$ is retained in the population

        end

      end

      Selection

      for $i=1:N$ do

        if $fitness(\vec{Tu_i^g})<fitness(\vec{x_i^g})$ then

          $\vec{Tu_i^g}=\vec{x_i^{g+1}}$

        else

          $\vec{x_i^g}=\vec{x_i^{g+1}}$

        end

      end

    end

2 Calculate serics $\varepsilon^{(1)}(t)$；

3 Substitute the optimized value of pararmeter r into $z^{(1)}(t)$ and calculate B；

4 Substitute $\varepsilon^{(1)}(t)$ and B into $(B^{\mathrm{T}}B)^{-1}B^{\mathrm{T}}Y$ to obtain grey parameters $(a,b,c,d)^{\mathrm{T}}$；

5 Substitute $(a,b,c,d)^{\mathrm{T}}$ in to Eq. (16) to calculate the value of mechanical parameters E_1,E_2,η_1,η_2；

6 Substitute E_1,E_2,η_1,η_2 into Eq. (1) to get simulation/prediction value of $\hat{\varepsilon}^{(0)}(t)$.

---

4. 4 GBPI 法在岩体流变参数辨识中的应用

在本小节,我们将用单轴压缩、三轴压缩和分级加载三种不同类型的岩石蠕变试验来描述 GBPI 法在岩体流变参数辨识中的效果。

4. 4. 1 单轴压缩蠕变试验

该例的试验数据来源于邱贤德等[①]。在单轴压缩条件下对云南省大理州乔后盐矿岩样进行了中长期蠕变试验,试验中加载应力是岩盐抗压强度的 80%。其中蠕变试验的初始应力 σ_0 为 11. 30 MPa,初始应变 ε_0 为 0. 61%。为了比较 GBPI 法的参数辨识效果,在该例中我们另外选取了三个常用的参数辨识方法,即非线性蠕变损伤本构模型(NCDC)[②]、反分析法和数值分析法,与 GBPI 辨识法进行对比分析。

在 MATLAB 环境下,用 GPE 算法对 G-B 模型中的背景值参数进行优化,灰参数的结果如表 4-1 所示。则由这些灰参数可构建 G-B 模型的白化微分方程为:

$$\frac{\mathrm{d}\varepsilon^{(1)}(t)}{\mathrm{d}t}+0.3860\varepsilon^{(1)}(t)=0.0889t^2+0.3174t+0.7930。$$

然后再由定理 4. 2. 2 可得此例中灰参数与力学参数的关系式:

$$\begin{cases} a=\dfrac{E_2}{\eta_2}=0.3860, \\[2mm] b=\dfrac{E_2\sigma_0}{2\eta_1\eta_2}=0.0889, \\[2mm] c=\dfrac{\sigma_0}{\eta_1}+\dfrac{\sigma_0}{\eta_2}+\dfrac{E_2\sigma_0}{\eta_2E_1}+\dfrac{E_2\sigma_0}{2\eta_1\eta_2}=0.3174, \\[2mm] d=\dfrac{\sigma_0}{E_1}+\dfrac{\sigma_0}{E_2}+\dfrac{\sigma_0}{2\eta_1}+\dfrac{\sigma_0}{\eta_2}(1-\mathrm{e}^{\frac{E_2}{\eta_2}})^{-1}=0.7930, \end{cases}$$

---

① 邱贤德,姜永东,阎宗岭,等. 盐岩的蠕变损伤破坏分析[J]. 重庆大学学报(自然科学版),2003(5):106-109.

② 汪妍妍,盛冬发. 基于 Burgers 模型考虑损伤的岩石蠕变全过程研究[J]. 力学季刊,2019,40(1):143-148.

解之得伯格斯模型的流变参数值如表 4-1 所示。

表 4-1　灰参数及伯格斯模型流变参数辨识结果

灰参数	a	b	c	d
辨识结果	0.3860	0.0889	0.3174	0.7930
伯格斯模型参数	E_1(MPa)	E_2(MPa)	η_1(GPa·h)	η_2(MPa·h)
辨识结果	57.1039	7.7379	1.4666	71.9749

　　将表 4-1 中的流变参数值代入伯格斯模型，可计算出 GBPI 法拟合值，其结果列于表 4-2。另外，该表还给出了蠕变试验的原始应变值(ε/%)及 NCDC、反分析和数值分析法的拟合结果。平均绝对百分比误差($MAPE$)值是评价拟合/预测效果优劣的重要标准。从表 4-2 中可以看到，四个方法中，拟合 $MAPE$ 值最小的是 G-B 模型，只有 2.5205%，也就是说 G-B 模型拟合效果最好；反分析法的性能略差，其 $MAPE$ 值为 2.7340%；$MAPE$ 值最大的是数值分析法，超过了 10%，高达 30.9971%，其拟合效果最差。

表 4-2　单轴压缩试验中原始数据及四种参数辨识法的拟合值及误差

原始数据/%	G-B 法		NCDC 法		反分析法		数值分析法	
	拟合/%	APE/%	拟合/%	APE/%	拟合/%	APE/%	拟合/%	APE/%
1.20	1.2000	**0.0000**	1.0800	9.9983	1.2000	0.0000	0.7985	33.4543
1.25	1.2500	**0.0000**	1.4037	12.2976	1.2761	2.0856	0.9870	21.0361
1.70	1.5444	9.1516	1.6871	**0.7588**	1.5662	7.8682	1.1755	30.8501
1.90	1.8999	**0.0027**	1.9906	4.7674	1.9098	0.5171	1.3640	28.2080
2.20	2.2799	3.6324	2.2941	4.2786	2.2747	**3.3935**	1.5525	29.4296
2.65	2.6721	0.8337	2.6280	0.8317	2.6500	0.0000	1.7410	34.3000
3.20	3.0713	4.0234	3.2239	**0.7462**	3.0312	5.2738	1.9295	39.7016
$MAPE$/%		**2.5205**		4.7046		2.7340		30.9971

　　图 4-3 是 GBPI、NCDC、反分析和数值分析四种参数辨识法的拟合曲线、原始试验数据的散点图及 APE 柱状图。从该图上可以更清晰地看到 GBPI 法

拟合曲线与原始曲线走势基本相同,只有两个点稍微偏离原始数据,其余各点几乎与试验数据重合;反分析法与 NCDC 的拟合曲线与原始数据都有不同程度的偏离;数值分析法的拟合点基本上都不在原始数据周围,拟合效果最差。APE 能反映拟合值与原始值的偏差,图 4-3 中 GBPI 法的 APE 值相对于另外三种方法来说,其与原始数据的偏差最小。

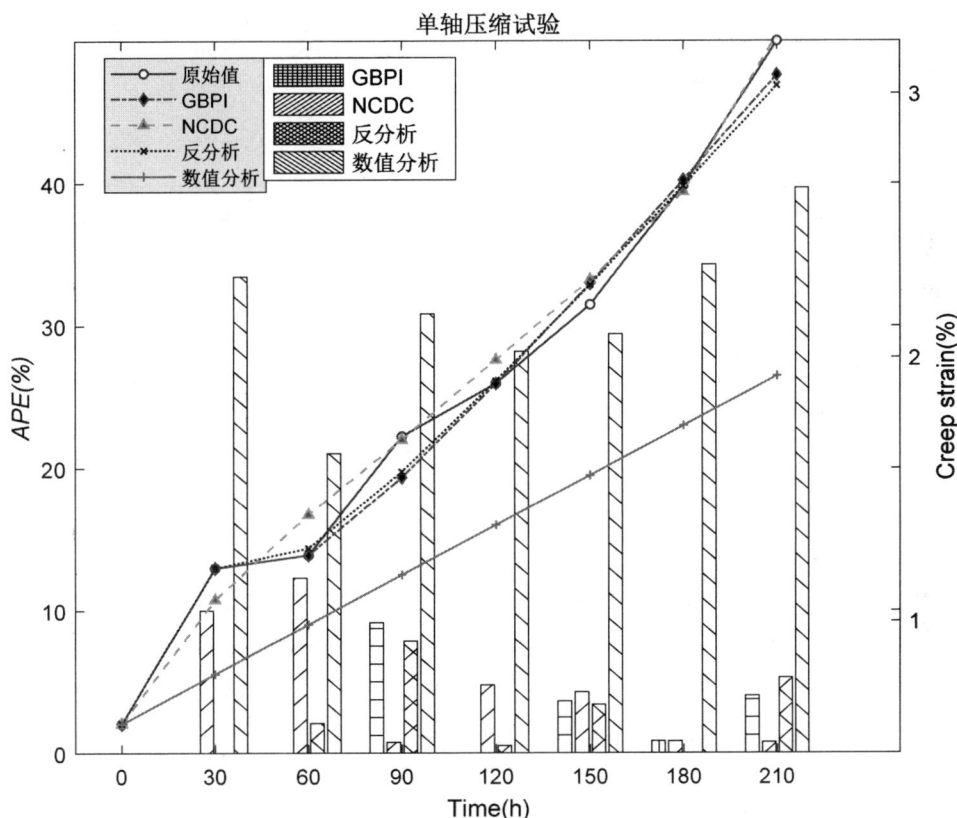

图 4-3　原始试验数据及四种参数辨识法拟合值的散点图及柱状图

图 4-4 是 GBPI、NCDC、反分析和数值分析四种参数辨识法的线性回归散点图及相关系数的值。从该图中可以看出,GBPI 法的相关系数 $R^2 = 0.9933$,相关性最大。

上述图表说明,GBPI 法的拟合曲线与试验所得的数据具有较好的一致性,拟合效果最好。证明本文提出的新参数辨识法相对于另外三种方法来说,更加适用于单轴压缩试验中岩石材料的力学参数估计。

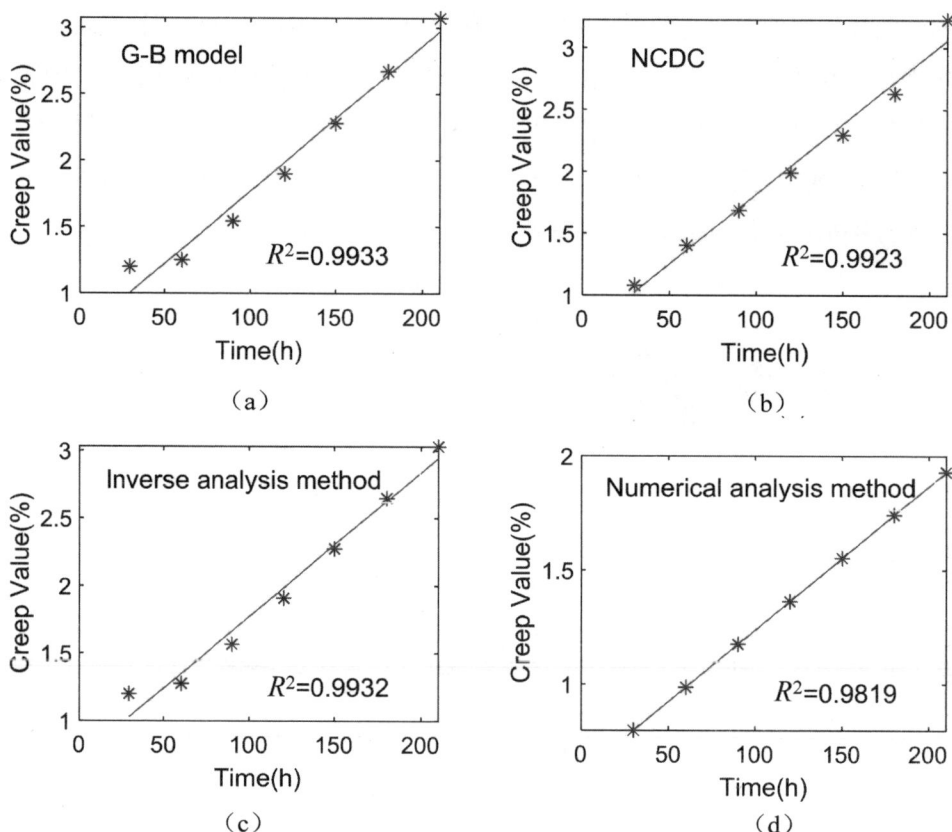

图4-4 (a) GBPI 法线性回归散点图；(b) NCDC 法线性回归散点图；
(c) 反分析法线性回归散点图；(d) 数值分析法线性回归散点图

4.4.2 三轴压缩蠕变试验

该试验数据来源于张清照等[①]。利用三轴压缩蠕变试验对锦屏二级水电站工程所在区域埋深 2 km 左右的硬质岩岩样的试验数据进行拟合分析。在围压为 40 MPa 情况下，岩样在 320 MPa 轴向应力时，为了获得稳态蠕变阶段曲线，选取破坏前最后 24 h 的蠕变数据进行拟合分析。

为了对比 GBPI 法的参数辨识效果，该例还利用另外三种方法与 GBPI 法进行对比分析，这三种方法分别为：线性拟合法、反分析法和数值分析法。在

① 张清照，沈明荣，丁文其. 锦屏绿片岩力学特性及长期强度特性研究[J]. 岩石力学与工程学报，2012，31(8)：1642-1649.

MATLAB 操作环境下,用 GPE 优化算法对 G-B 模型的背景值参数进行优化,并计算出 G-B 模型的灰参数值,其结果列于表 4-3。根据该表中的灰参数辨识结果,可得 G-B 模型的白化方程为:

$$\frac{\mathrm{d}\varepsilon^{(1)}(t)}{\mathrm{d}t} - 1.9654\varepsilon^{(1)}(t) = -0.0368t^2 - 0.9583t + 1.1133。$$

再由定理 4.2.2 可得本例中灰参数与力学参数的关系式

$$\begin{cases} a = \dfrac{E_2}{\eta_2} = -1.9654, \\[2mm] b = \dfrac{E_2\sigma_0}{2\eta_1\eta_2} = -0.0368, \\[2mm] c = \dfrac{\sigma_0}{\eta_1} + \dfrac{\sigma_0}{\eta_2} + \dfrac{E_2\sigma_0}{\eta_2 E_1} + \dfrac{E_2\sigma_0}{2\eta_1\eta_2} = -0.9583, \\[2mm] d = \dfrac{\sigma_0}{E_1} + \dfrac{\sigma_0}{E_2} + \dfrac{\sigma_0}{2\eta_1} + \dfrac{\sigma_0}{\eta_2}(1 - \mathrm{e}^{\frac{E_2}{\eta_2}})^{-1} = 1.1133, \end{cases}$$

解之得流变力学参数值如表 4-3 所示。

表 4-3　灰参数及伯格斯模型流变参数辨识结果

灰参数	a	b	c	d
辨识结果	−1.9654	−0.0368	−0.9583	1.1133
伯格斯模型参数	E_1(MPa)	E_2(MPa)	η_1(GPa·h)	η_2(MPa·h)
辨识结果	6.3111	1.1896	13.5345	1.0656E-08

将表 4-3 中流变参数值代入伯格斯模型蠕变方程,其拟合结果如表 4-4 所示。表 4-4 给出了蠕变试验原始值及 GBPI、线性拟合、反分析和数值分析四种方法的拟合结果。

从表 4-4 中可以看到,四种参数辨识方法中,G-B 法的拟合 $MAPE$ 值是最小的,只有 0.0275%,拟合效果最好;其次是线性拟合的 $MAPE$ 值 0.0333%,拟合效果略差;然后是数值分析法,拟合 $MAPE$ 值是 2.0770%,拟合效果差强人意。反分析法拟合效果最差,达到了 10.8356%。

图 4-5 是 GBPI、线性拟合、反分析和数值分析法的拟合结果与试验数据的散点图及 APE 柱状图。从该图可以看到,GBPI 法与线性拟合方法的拟合效果最好,两者的拟合曲线与原始数据几乎重合,但是从该图右边放大的小窗口可以看到这三条曲线还是有一定程度的分离,GBPI 法的拟合曲线比线性拟合更贴合原始曲线。数值分析法和反分析法的拟合曲线与原始数据的偏离程度

较大。

表 4-4　原始数据及四种参数辨识法的拟合值及误差

时间（小时）	原始数据/%	GBPI法		线性拟合法		反分析法		数值分析法	
		拟合/%	APE/%	拟合/%	APE/%	拟合/%	APE/%	拟合/%	APE/%
48	1.5248	1.5248	0.0000	1.5257	0.0584	2.1534	41.2273	1.7444	14.4034
49	1.5256	1.5262	0.0383	1.5260	0.0229	1.5256	0.0000	1.6378	7.3517
50	1.5265	1.5265	0.0016	1.5262	0.0177	1.3453	11.8681	1.6020	4.9473
51	1.5272	1.5267	0.0306	1.5265	0.0445	1.2764	16.4194	1.5840	3.7201
52	1.5263	1.5270	0.0460	1.5268	0.0308	1.2516	17.9991	1.5731	3.0661
53	1.5275	1.5273	0.0117	1.5271	0.0288	1.2482	18.2824	1.5657	2.5028
54	1.5275	1.5276	0.0014	1.5273	0.0118	1.2567	17.7251	1.5604	2.1531
55	1.5278	1.5278	0.0000	1.5276	0.0131	1.2723	16.7238	1.5563	1.8662
56	1.5281	1.5281	0.0014	1.5279	0.0157	1.2922	15.4369	1.5531	1.6347
57	1.5293	1.5284	0.0635	1.5281	0.0759	1.3149	14.0176	1.5504	1.3823
58	1.5292	1.5286	0.0368	1.5285	0.0477	1.3395	12.4062	1.5482	1.2442
59	1.5290	1.5289	0.0048	1.5287	0.0209	1.3653	10.7090	1.5463	1.1339
60	1.5292	1.5292	0.0042	1.5290	0.0150	1.3919	8.9816	1.5447	1.0132
61	1.5289	1.5294	0.0350	1.5292	0.0216	1.4190	7.1883	1.5432	0.9383
62	1.5291	1.5297	0.0382	1.5295	0.0268	1.4465	5.4008	1.5420	0.8406
63	1.5304	1.5300	0.0285	1.5298	0.0392	1.4743	3.6664	1.5408	0.6786
64	1.5298	1.5302	0.0309	1.5301	0.0190	1.5022	1.8018	1.5397	0.6486
65	1.5303	1.5305	0.0132	1.5304	0.0052	1.5303	0.0000	1.5387	0.5519
66	1.5312	1.5308	0.0254	1.5307	0.0346	1.5584	1.7793	1.5378	0.4337
67	1.5309	1.5311	0.0112	1.5312	0.0176	1.5866	3.6413	1.5370	0.3983
68	1.5313	1.5313	0.0000	1.5314	0.0078	1.6149	5.4583	1.5362	0.3204
69	1.5309	1.5316	0.0437	1.5317	0.0510	1.6431	7.3321	1.5355	0.2979
70	1.5301	1.5319	0.1156	1.5320	0.1242	1.6714	9.2365	1.5348	0.3042
71	1.5328	1.5321	0.0458	1.5323	0.0333	1.6997	10.8899	1.5341	0.0836
72	1.5333	1.5324	0.0589	1.5325	0.0496	1.7280	12.6996	1.5334	0.0091
MAPE/%		**0.0275**		0.0333		10.8356		2.0770	

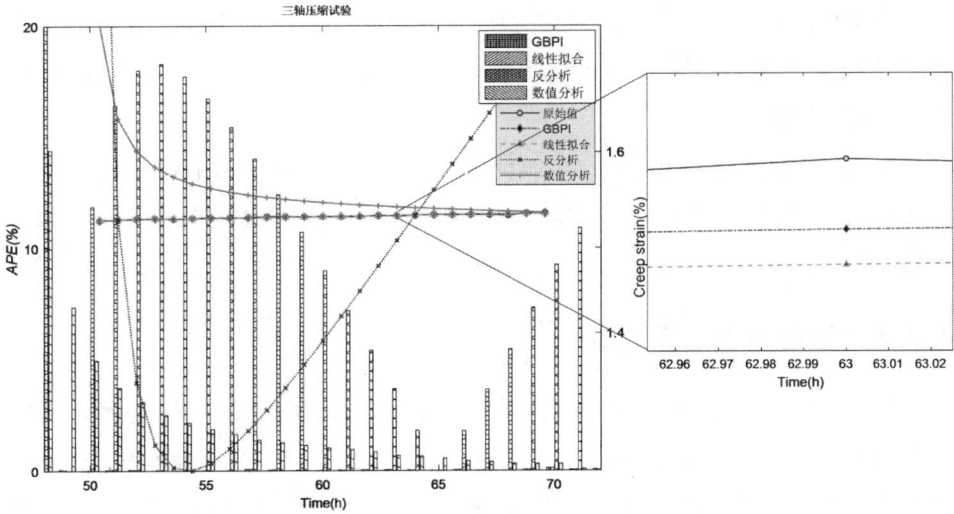

图 4-5　原始试验数据与四种参数辨识法的拟合值对比图

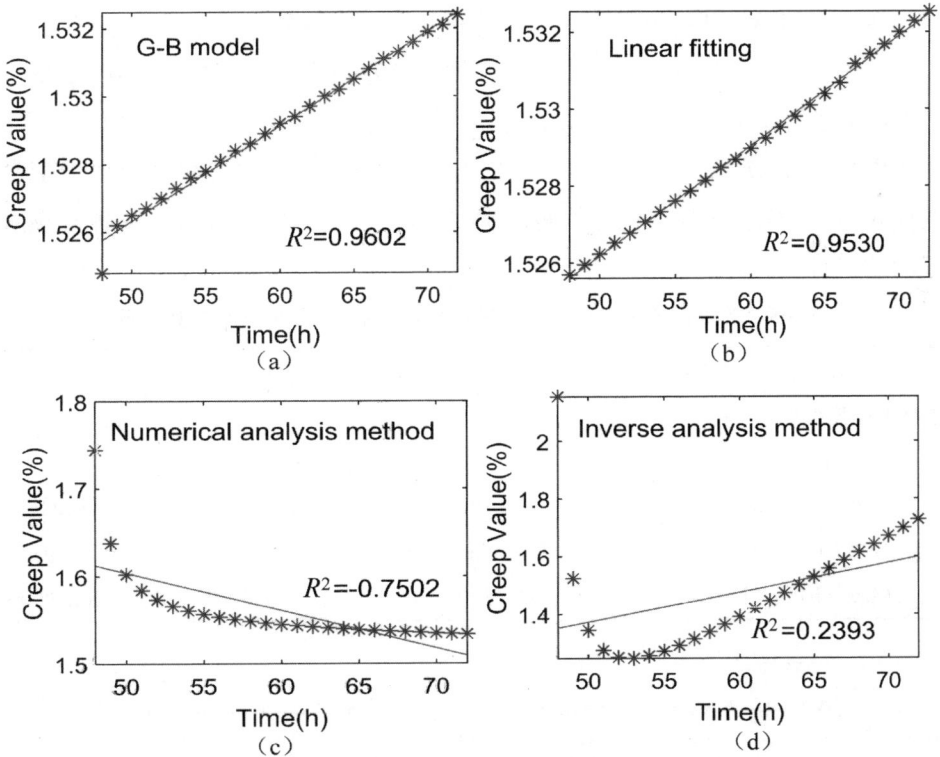

图 4-6　(a) GBPI 法线性回归散点图；(b) 线性拟合法线性回归散点图；

(c) 反分析法线性回归散点图；(d) 数值分析法线性回归散点图

图 4-6 是 GBPI、NCDC、反分析和数值分析四种参数辨识法的线性回归散点图及相关系数 R^2 的值。从该图中可以看出，GBPI 法的相关系数 $R^2 = 0.9602$，相关性最大。

在该实例的图表中可以看出，四种方法中 GBPI 法的拟合效果最优。说明本文提出的 GBPI 法比较合理准确，更加适用于三轴压缩试验中岩石材料的力学参数估计。

4.4.3　分级加载蠕变试验

该试验数据来源于 Zhao 等[①]。试验给出了围压为 6 MPa 时，七种不同偏应力水平下金川二矿 1098 m 岩块的分级加载数据结果。为了比较拟合效果，在实例 3 中我们将 GBPI 法与 Ubiquitous-Corrosion-Coulomb（UCC）蠕变模型[②]、反分析法和数值分析法进行对比分析。

在 MATLAB 环境下，采用 GPE 优化算法对模型的背景值参数进行优化，G-B 模型的灰参数值如表 4-5 所示。根据灰参数与力学参数的关系式，求得力学参数如表 4-5 所示。值得注意的是，新方法得到的岩体的弹性模量和牛顿黏滞系数与 Zhao 等给出的这些参数值相当接近。然后将表 4-5 中的这些力学参数代入 G-B 模型的解，也就是伯格斯模型的蠕变方程，以拟合岩石在各偏应力下的蠕变行为。

表 4-5　岩块在分级加载条件下的 GBPI 法的力学参数值及灰参数值

加载(MPa)	5.3700	14.8000	22.1000	29.5000	36.9000	44.2000	53.1000
伯格斯模型参数							
E_1(MPa)	5.0700	49.9998	10.2673	9.7678	10.6109	12.1570	13.7683
E_2(MPa)	30.9709	7.6040	17.9233	12.5454	15.4119	18.4160	40.1109
η_1(GPa·h)	999.9160	1000.0000	999.9861	999.6152	999.8321	1000.0000	344.9450
η_2(MPa·h)	61.9088	7.8502	69.0199	308.7640	280.3042	161.0200	103.3700

① ZHAO Y L, WANG Y X, WANG W J, et al. Modeling of non-linear rheological behavior of hard rock using triaxial rheological experiment[J]. International Journal of Rock Mechanics and Mining Sciences, 2017(93): 66-75.

② WANG R, LI L, SIMON R. A model for describing and predicting the creep strain of rocks from the primary to the tertiary stage[J]. International Journal of Rock Mechanics and Mining Sciences, 2019(123): 104087.

（续表）

灰参数							
r	0.9024	0.2732	0.3810	0.3608	0.6706	0.1100	0.1374
a	0.2458	0.5195	0.0662	−0.3426	−0.2661	−0.0001	0.3181
b	−2.95E-05	4.43E-05	−0.0039	−0.0181	−0.0188	−0.0050	0.0266
c	0.3236	1.2520	0.3699	−0.9418	−0.8050	0.2368	1.7467
d	1.0683	0.5744	2.2143	3.7333	3.7925	3.8488	3.0379

从表 4-5 可知，金川二矿岩块在不同应力水平作用下的蠕变参数中弹性模量 E 相差不大，牛顿黏滞系数 η 则随应力水平的不同而发生变化，这是因为非线性流变体的应力和应变呈非线性关系，反映在等时曲线上就不再是直线或折线，而是一簇曲线，非线性流变的黏弹性或黏塑性黏滞系数与时间和应力水平有关，所以牛顿黏滞系数在不同应力水平下为非定常数。

图 4-7 给出了 UCC 蠕变模型与 GBPI 法的拟合曲线与蠕变试验对比图。从图 4-7(a) 中可以看出，UCC 模型在偏应力为 36.9 MPa 和 44.2 MPa 条件下的试验结果模型描述较好，与试验曲线贴合紧密，但在其余偏应力下的拟合曲线偏离蠕变试验曲线，拟合效果不太好。在图 4-8(b) 中，G-B 模型在七种偏应力下的拟合效果都很好，基本上与试验曲线走势一致且贴合紧密，并且在偏应力为 5.37 MPa、14.8 MPa 和 22.1 MPa 条件下的拟合效果最好，拟合曲线几乎与蠕变试验曲线重合。

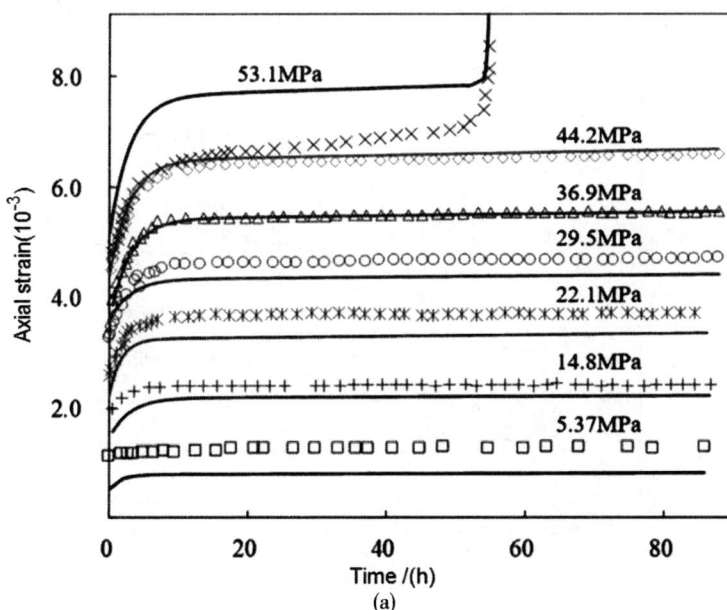

(a)

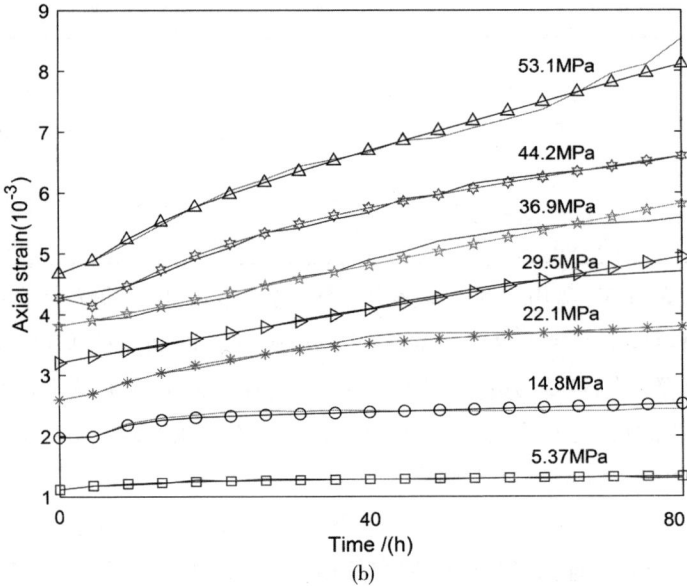

(b)

图 4-7　(a) UCC 蠕变模型的拟合曲线与蠕变试验对比图；

(b) GBPI 法的拟合曲线与蠕变试验对比图

图 4-8 给出了反分析法与数值分析法的拟合曲线与蠕变试验对比图。在图 4-8(a)中，反分析法在偏应力分别为 14.8 MPa 和 44.2 MPa 的拟合效果尚可，但在其余偏应力下的拟合曲线与原始蠕变试验曲线的偏离程度较大，拟合效果较差。在图 4-8(b)中，数值分析法在七种偏应力下的拟合效果都极差。

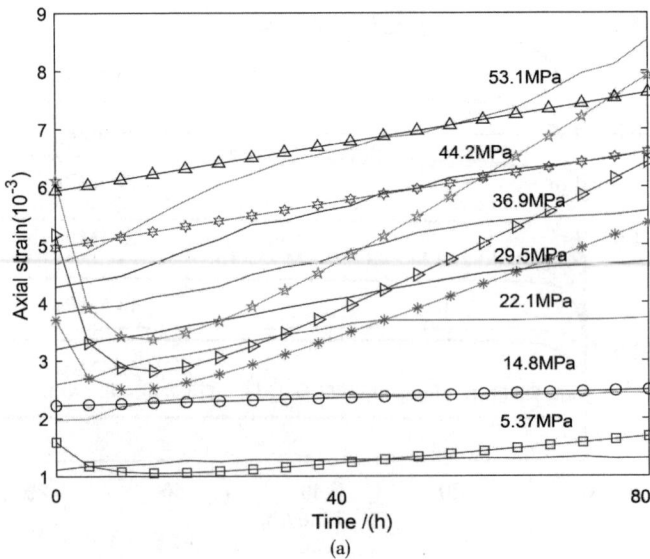

(a)

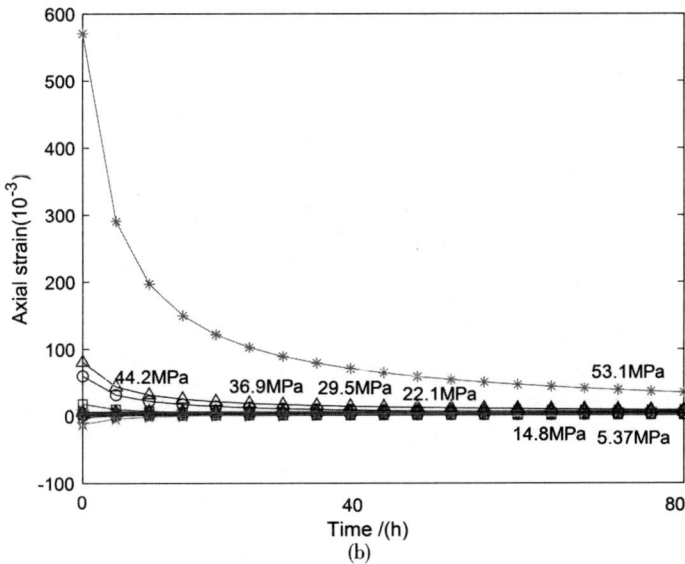

图 4-8　（a）反分析法的拟合曲线与蠕变试验对比图；

（b）数值分析法的拟合曲线与蠕变试验对比图

表 4-6　四种参数辨识法在七种不同偏应力下的 MAPE 值和 R^2 值

加载（MPa）	GBPI 法		UCC 法		反分析法		数值分析法	
	MAPE/%	R^2	MAPE/%	R^2	MAPE/%	R^2	MAPE/%	R^2
5.37	**0.8389**	**0.9663**	7.2148	0.9025	13.2517	0.2763	258.3013	−0.9420
14.80	**1.8249**	0.9425	9.9969	**0.9436**	3.1410	0.7144	482.0511	−0.9286
22.10	**1.2399**	**0.9873**	10.9708	0.9764	17.7047	0.6971	3651.2860	−0.8635
29.50	**0.7119**	**0.9964**	10.2248	0.8845	17.0068	0.7792	25.1897	0.9154
36.90	**1.2006**	**0.9923**	2.9446	0.9759	17.7790	0.8099	64.7504	0.8473
44.20	**0.6077**	**0.9981**	4.5663	0.9272	4.6658	0.9863	4.0040	0.9864
53.10	**1.1430**	**0.9938**	22.1976	**0.9938**	7.4181	0.9908	246.7401	−0.7780

表 4-6 列出了 GBPI 法、UCC 法、反分析法和数值分析法四种参数辨识法在七种不同偏应力下的 MAPE 值和 R^2 值。该表中黑体字部分表示拟合效果最好的评价指标值。四种参数辨识方法中，GBPI 法在七种偏应力加载下的拟合 MAPE 值都是最小的，都在 1％左右；数值分析法的拟合效果最差，其 MAPE 值高达 3651.286％，这说明该方法用于参数估计时忽高忽低，极不稳定。四种参数

辨识法在七种偏应力下的相关系数也各不相同,但是 GBPI 法始终都是相关性系数值中最大或第二大的。

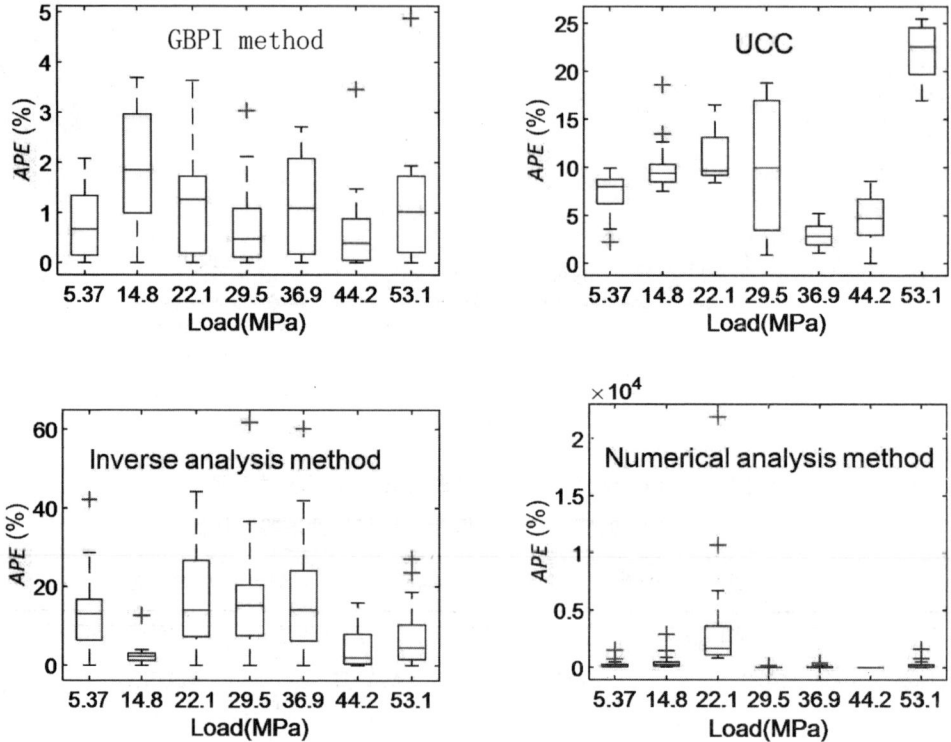

图 4-9　四种参数辨识方法的箱式对比图

图 4-9 是四种参数辨识方法 *APE* 值的箱式对比图。箱线图中的红线表示 *APE* 值的中位数。很明显,GBPI 法中所有拟合 *APE* 值的中位数都不超过 2%。而 *APE* 值越大,其反映的拟合值与真实值的偏差越大。所以该图也说明新方法的拟合性能最佳。

在表 4-6 中可以看到数值分析法的 *MAPE* 值出现异常,数据过大,拟合效果特别差。为了更直观地描述几种方法的 *MAPE* 值,我们在图 4-10 中只比较 GBPI 法、UCC 法和反分析法这三种参数辨识法的 *MAPE* 柱状图。从该图可以很明显地看到代表 GBPI 法的蓝色柱子最短,说明拟合效果最好,而代表反分析法的黄色柱子基本都最长,说明拟合效果最差。

在本例中,GBPI 法相较于其他三种参数辨识法,与蠕变试验结果最为吻合,拟合效果最为理想。说明本文提出的新参数辨识法比较合理准确,更加适用于分级加载压缩试验中岩石材料的力学参数估计。

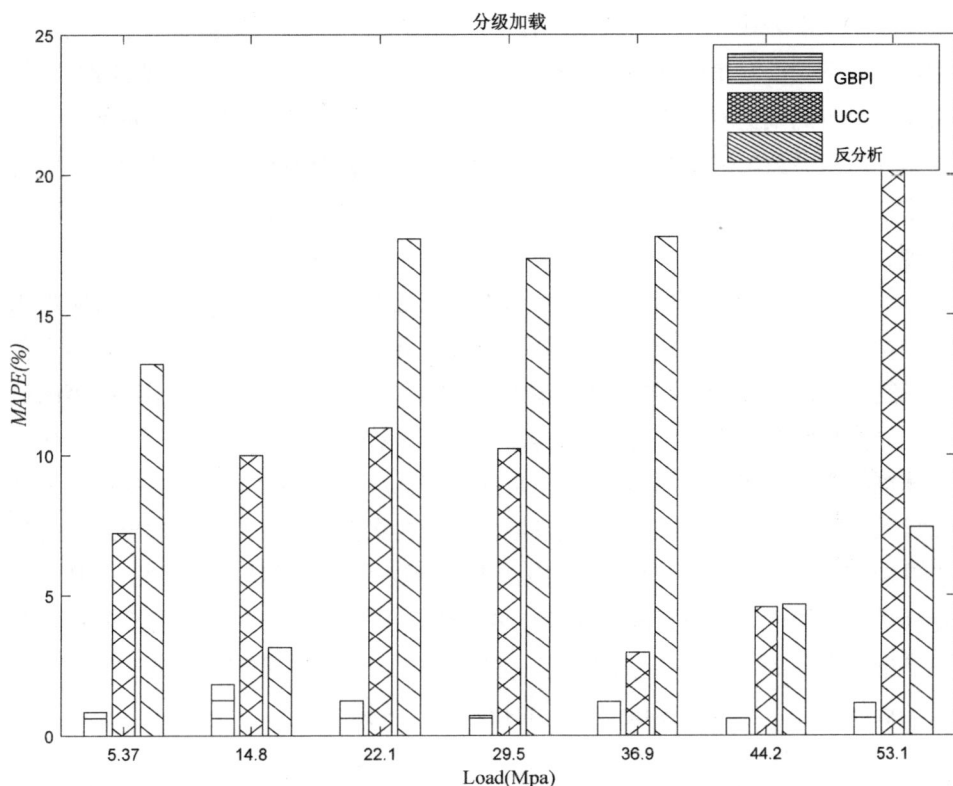

图 4-10　GBPI 法、UCC 法和反分析法的 *MAPE* 柱状图

4.4.4　讨论分析

通过 GBPI 法等几种参数辨识法对单轴、三轴和分级加载压缩蠕变试验的岩体流变参数进行了估计,其结果分析如下:

由乔后盐矿盐岩试样的单轴压缩蠕变曲线及试验结果可知,其加卸载瞬间有显著的瞬时变形,之后随着时间的增加蠕变变形更加明显,具有第一和第二阶段岩体流变效应。从曲线所反映出的蠕变特征及其规律来看,GBPI 法的拟合曲线与试验所得的数据具有较好的一致性,所估计的伯格斯体流变参数可以较好地描述这类盐岩的流变特性,拟合效果最好。

由锦屏二级水电站工程中岩样的三轴压缩蠕变曲线可知,加载时出现瞬时变形,然后在大多数应力水平下,蠕变变形均随时间增长而逐渐趋于收敛状态,具有岩体流变的等速蠕变特点,其流变性状较符合伯格斯模型所反映的特征。GBPI 法的拟合曲线更贴合蠕变曲线,流变参数辨识较准确。

金川二矿岩块在不同应力水平作用下的蠕变参数中,牛顿黏滞系数 η 则随应力水平的不同而发生变化,这是因为非线性流变体的应力和应变呈非线性关系,反映在等时曲线上就不再是直线或折线,而是一簇曲线,非线性流变的黏弹性或黏塑性黏滞系数与时间和应力水平有关,所以牛顿黏滞系数在不同应力水平下为非定常数。因此 GBPI 法辨识的流变参数与实际情况一致,参数估计结果准确合理。

综上所述,通过 GBPI 法对以上岩体的流变参数辨识的结果可知,随应力水平的增大,大多岩体的瞬时弹性模量 E 也随之增大;而牛顿黏滞系数 η 总体上呈增长趋势,反映了岩石内部的微裂隙先压密闭合而后随应力的增加不断扩展的过程。岩体从瞬时蠕变到等速蠕变阶段,其内部的微裂纹逐步产生并累积,当接近加速蠕变阶段时,裂隙扩展并进一步贯通,此时 η 先减小再增加,其应变迅速增加而导致宏观破坏。GBPI 法在这三种蠕变试验的案例研究中总是表现出最好的拟合性能,其流变参数性状较符合伯格斯模型所反映的力学特征。因此,G-B 模型能够更好地描述岩体材料的黏弹性蠕变特性,GBPI 法用于黏弹性模型的参数辨识是准确合理的,具有一定的适用性。研究结果对岩土工程因岩体的蠕变变形导致的破坏及稳定性分析提供了一定的技术参考依据。

4.5 小结

在岩体稳定性分析中,岩体力学参数的正确取值一直都是地质和岩体试验人员所关心的重点。如何相对合理地估计岩体流变参数,对岩土工程的设计、施工、安全性和经济性都有着非常重要的影响。本章将伯格斯和灰色预测模型相结合,研究和开发了一种岩体流变参数辨识的新方法。主要内容如下:

(1) 基于岩体力学参数辨识存在的信息量少、不确定性及离散性的三个灰色系统特征,结合黏弹性理论、灰色系统理论和黏弹性伯格斯流变力学模型,提出了伯格斯模型中流变参数的灰色辨识法。

(2) 新方法将经典伯格斯流变模型中的蠕变方程转化为相应的灰色微分方程,建立灰色-伯格斯模型,并采用 GPE 算法寻找 G-B 模型中背景值 r 的最优值,建立力学参数和灰参数之间的关系式。

(3) 结合工程中常用的单轴压缩、三轴压缩及分级加载岩体蠕变试验,根据实测位移-时间加载曲线,采用 GBPI 方法对伯格斯流变模型进行了参数辨识。

通过与工程常用的 NCDC、线性拟合、UCC、反分析和数值分析参数辨识法进行对比发现，GBPI 法在这三种蠕变试验中总是表现出最好的拟合性能，其估计的流变参数性状较符合伯格斯模型所反映的岩体力学特征。说明 GBPI 法能够更好地描述岩石材料的黏弹性蠕变特性，具有一定的适用性。

GBPI 参数辨识法是基于最小二乘法的一种灰参数辨识法，该方法计算简便，能使参数估计快速收敛到真值，对发散的数据也有较好的收敛效果。适用于岩体蠕变试验数据离散、信息量有限及具有灰指数规律特征的力学试验。

尽管 GBPI 法具有较强的理论和实践意义，但是该方法还需要进一步改进和完善。G-B 模型虽然是灰色模型，但是该模型的时间响应式仍然是原伯格斯模型的蠕变方程，而传统的元件组合模型通常无法反映岩石加速蠕变过程中的非线性特征，所以新模型仍不能很好地描述具有加速蠕变特性的力学试验。GBPI 法对于其他岩体流变力学模型是否适用暂且不知。这将是我们后期要研究的方向。

第 5 章
等间隔岩体变形参数的灰色预测模型

第 3 章和第 4 章分别建立了广义开尔文和伯格斯模型中流变力学参数的灰色辨识法,两种方法基于灰色系统理论对岩体的流变参数进行了辨识,获得了较好的效果。然而,由于岩体中发育的大量断层、节理等不连续面,使得岩体变形参数亦具有小数据信息及离散性的灰色系统特征。因此,本章针对岩体变形参数的灰色特性,基于纵波波速及单轴抗压强度等岩体力学参数对岩体变形模量的强相关性,提出了一种新的多变量等间隔岩体变形参数的灰色预测模型,并研究了新模型的有效性,将其应用于西藏某水电站和云南省金安桥水电站坝基岩体的变形模量预测中。

5.1 岩体变形参数研究进展

岩体变形模量取值的准确性对研究岩体变形机理、稳定性及工程支护设计都具有重大影响。因此,开展岩体变形参数的研究,对于提高岩土工程施工安全性具有一定现实意义。然而,岩体构造的复杂性导致岩体变形模量的准确参数值极难获得。目前,利用变形模量与各类岩体质量分级值之间的关系来预测岩体变形模量的经验方法较多。宋彦辉等提出了岩体变形模量(E_m)、完整岩块变形模量(E_r)与 RQD 之间的相关关系。Feng 等基于地质强度指标值提出了变形模量预测依据。另外,王中豪等①根据 PSO-LSSVM 模型,提出了一种非标条件下变

_____

① 王中豪,李家龙,郭喜峰,等.非标准条件下刚性承压板试验变形参数的确定[J].长江科学院院报,2022,39(11):113-118.

形模量的反演分析方法。苏雅等[①]针对软弱岩体的力学特征，基于 Hoek-Brown
强屈服准则的围岩松动区半径的解答，建立了隧道围岩稳定极限变形的估算
方法。

但是以上变形模量的预测方法往往需要地质工作者的丰富经验才能获得一
些合理的参数值，其预测结果包含人为主观因素，导致地质工作者的经验丰富与
否与变形模量预测的准确度有直接关系。因此，可以考虑用灰色系统理论从定量
的角度，探讨具有数据量有限、离散性特征的岩体变形参数预测问题。具体分析
内容如下。

5.2　等间隔岩体变形模量灰色预测模型

基于岩体变形参数存在的灰色系统特征及多元性，将灰色预测模型和岩体
变形模量有机结合，研究岩体变形参数的预测问题。

5.2.1　等间隔岩体变形模量灰色预测模型的定义

在本小节中，我们基于 GMC$(1,n)$模型建立了 DMGM$(1,n)$模型。新模型是
一个派生型多变量灰色模型。

根据第 2 章 2.5 节等间隔的灰色卷积 GMC$(1,n)$模型，即

$$X_1^{(0)}(rp+t) + \alpha Z_1^{(1)}(rp+t) = \beta_2 Z_2^{(1)}(t) + \beta_3 Z_3^{(1)}(t) + \cdots + \beta_n Z_n^{(1)}(t) + u,$$

其中$t = 1,2,\cdots,r,\alpha,\beta_2,\beta_3,\cdots,\beta_n$及$u$是模型的参数，$r$是数据的个数，$rp$表示时间
延迟，$\boldsymbol{X}^{(0)} = (X_1^{(0)}, X_2^{(0)}, \cdots, X_n^{(0)})$是$n$组原始观测值，$Z_1^{(1)}(rp+t)$和$Z_i^{(1)}(t)$是背
景值序列。由此建立变形模量灰色预测模型如下。

定义 5.2.1　假设$\boldsymbol{X}^{(0)} = (X_1^{(0)}, X_2^{(0)}, \cdots, X_n^{(0)})$是$n$组原始试验序列，其中序
列$\boldsymbol{X}_1^{(0)} = (X_1^{(0)}(1), X_1^{(0)}(2), \cdots, X_1^{(0)}(t))$为变形模量，即为输出变量；序列$\boldsymbol{X}_i^{(0)} = (X_i^{(0)}(1), X_i^{(0)}(2), \cdots, X_i^{(0)}(t))(i = 2,3,\cdots,n)$为与变形模量具有强相关性的参
数序列，即为输入变量。则

①　苏雅，苏永华，赵明华. 基于 Hoek-Brown 准则的软岩隧道围岩极限变形估算方法[J]. 岩石力学
与工程学报，2021，40(S2)：3033-3040.

$$X_1^{(0)}(k) = aX_1^{(1)}(k-1) + \sum_{i=2}^{n} b_i X_i^{(1)}(k-1) + \sum_{i=2}^{n} c_i X_i^{(0)}(k) + d$$

称为岩体变形模量的灰色预测模型,简记为 DMGM$(1,n)$。其中,$k = 2,3,\cdots,r;a,$
$b_2,b_3,\cdots,b_n,c_2,c_3,\cdots,c_n,d$ 是 DMGM$(1,n)$ 模型的参数。

在上述定义中,变形模量 $\boldsymbol{X}_1^{(0)} = (X_1^{(0)}(1),X_1^{(0)}(2),\cdots,X_1^{(0)}(t))$ 的 1-AGO 序列是

$$\boldsymbol{X}_1^{(1)} = (X_1^{(1)}(1),X_1^{(1)}(2),\cdots,X_1^{(1)}(t)) = \sum_{k=1}^{t} \boldsymbol{X}_1^{(0)}(k),$$

输入序列 $\boldsymbol{X}_i^{(0)} = (X_i^{(0)}(1),X_i^{(0)}(2),\cdots,X_i^{(0)}(t))$ 的 1-AGO 是

$$\boldsymbol{X}_i^{(1)} = (X_i^{(1)}(1),X_i^{(1)}(2),\cdots,X_i^{(1)}(t)) = \sum_{k=1}^{t} \boldsymbol{X}_i^{(0)}(k), i = 2,3,\cdots,n。$$

又

$$\frac{\mathrm{d}X_1^{(1)}}{\mathrm{d}k} = \lim_{\Delta k \to 0} \frac{\Delta X_1^{(1)}}{\Delta k}$$

$$\approx \frac{X_1^{(1)}(k) - X_1^{(1)}(k-1)}{k - (k-1)}$$

$$= X_1^{(1)}(k) - X_1^{(1)}(k-1)$$

$$= [X_1^{(0)}(1) + X_1^{(0)}(2) + \cdots + X_1^{(0)}(k)] - [X_1^{(0)}(1) + X_1^{(0)}(2) + \cdots + X_1^{(0)}(k-1)]$$

$$= X_1^{(0)}(k),$$

则有

$$X_i^{(1)}(k) - X_i^{(1)}(k-1) = X_i^{(0)}(k), i = 1,2,\cdots,n。 \tag{5-1}$$

将式(5-1)移项可得:

$$X_i^{(1)}(k) = X_i^{(0)}(k) + X_i^{(1)}(k-1)。$$

综合第 2 章背景值序列的定义

$$Z_1^{(1)}(rp+t) = \frac{1}{2}[X_1^{(1)}(rp+t) + X_1^{(1)}(rp+t-1)],$$

$$Z_i^{(1)}(t) = \frac{1}{2}[X_i^{(1)}(t) + X_i^{(1)}(t-1)], i = 2,3,\cdots,n,$$

可得

$$Z_i^{(1)}(k) = 0.5[X_i^{(1)}(k) + X_i^{(1)}(k-1)]$$

$$= 0.5[X_i^{(0)}(k) + X_i^{(1)}(k-1) + X_i^{(1)}(k-1)]$$

$$= 0.5X_i^{(0)}(k) + X_i^{(1)}(k-1)。 \tag{5-2}$$

将式(5-2)代入 GMC $(1,n)$ 模型的定义式中

$$X_1^{(0)}(rp+t) + \alpha Z_1^{(1)}(rp+t) = \beta_2 Z_2^{(1)}(t) + \beta_3 Z_3^{(1)}(t) + \cdots + \beta_n Z_n^{(1)}(t) + u,$$

可得

$$X_1^{(0)}(k) + \alpha[0.5X_1^{(0)}(k) + X_1^{(1)}(k-1)] =$$

$$\sum_{i=2}^{n} \beta_i[0.5X_i^{(0)}(k) + X_i^{(1)}(k-1)] + u,$$

整理上式得

$$X_1^{(0)}(k)(1+0.5\alpha) + \alpha X_1^{(1)}(k-1) = \sum_{i=2}^{n} 0.5\beta_i X_i^{(0)}(k) + \sum_{i=2}^{n} \beta_i X_i^{(1)}(k-1) + u。$$

若 $1+0.5\alpha \neq 0$，则有

$$X_1^{(0)}(k) = -\frac{\alpha}{1+0.5\alpha} X_1^{(1)}(k-1) + \sum_{i=2}^{n} \frac{\beta_i}{1+0.5\alpha} X_i^{(1)}(k-1) +$$

$$\sum_{i=2}^{n} \frac{0.5\beta_i}{1+0.5\alpha} X_i^{(0)}(k) + \frac{u}{1+0.5\alpha}, \tag{5-3}$$

令

$$a = -\frac{\alpha}{1+0.5\alpha}, b_i = \frac{\beta_i}{1+0.5\alpha}, c_i = \frac{0.5\beta_i}{1+0.5\alpha}, d = \frac{u}{1+0.5\alpha},$$

即得岩体变形模量的灰色预测模型

$$X_1^{(0)}(k) = aX_1^{(1)}(k-1) + \sum_{i=2}^{n} b_i X_i^{(1)}(k-1) + \sum_{i=2}^{n} c_i X_i^{(0)}(k) + d。 \tag{5-4}$$

5.2.2　等间隔岩体变形模量灰色预测模型的性质

接下来讨论 DMGM$(1,n)$ 模型的参数辨识及时间响应式。

定理 5.2.1　假设原始试验序列为 $\boldsymbol{X}^{(0)} = (X_1^{(0)}, X_2^{(0)}, \cdots, X_n^{(0)})$，岩体变形参数背景值序列 $Z_i^{(0)}(i=2,3,\cdots,n)$ 如定义 5.2.1 所示，则 DMGM$(1,n)$ 模型的参数辨识满足：

$$\boldsymbol{P} = [\alpha, \beta_2, \cdots, \beta_n, u]^{\mathrm{T}}, (\boldsymbol{A}^{\mathrm{T}}\boldsymbol{A})^{-1}\boldsymbol{A}^{\mathrm{T}}\boldsymbol{Y},$$

其中 $\boldsymbol{A} = \begin{pmatrix} -Z_1^{(1)}(2) & Z_2^{(1)}(2) & \cdots & Z_n^{(1)}(2) & 1 \\ -Z_1^{(1)}(3) & Z_2^{(1)}(3) & \cdots & Z_n^{(1)}(3) & 1 \\ \vdots & \vdots & & \vdots & \vdots \\ -Z_1^{(1)}(r) & Z_2^{(1)}(r) & \cdots & Z_n^{(1)}(r) & 1 \end{pmatrix}, \boldsymbol{Y} = \begin{pmatrix} X_1^{(0)}(2) \\ X_1^{(0)}(3) \\ \vdots \\ X_1^{(0)}(r) \end{pmatrix}。$

证明　将变形模量和相关参数的 1-AGO 代入公式(5-4),可得

$$
\begin{cases}
X_1^{(0)}(2) = aX_1^{(1)}(1) + \sum_{i=2}^{n} b_i X_i^{(1)}(1) + \sum_{i=2}^{n} c_i X_i^{(0)}(2) + d, \\[2mm]
X_1^{(0)}(3) = aX_1^{(1)}(2) + \sum_{i=2}^{n} b_i X_i^{(1)}(2) + \sum_{i=2}^{n} c_i X_i^{(0)}(3) + d, \\[2mm]
\quad\quad\quad\quad\quad\quad\vdots \\[2mm]
X_1^{(0)}(r) = aX_1^{(1)}(r-1) + \sum_{i=2}^{n} b_i X_i^{(1)}(r-1) + \sum_{i=2}^{n} c_i X_i^{(0)}(r) + d,
\end{cases}
\tag{5-5}
$$

令

$$
\boldsymbol{Y} = \begin{bmatrix} X_1^{(0)}(2) \\ X_1^{(0)}(3) \\ \vdots \\ X_1^{(0)}(r) \end{bmatrix},
$$

$$
\boldsymbol{A} = \begin{bmatrix}
X_1^{(1)}(1) & X_2^{(1)}(1) & \cdots & X_n^{(1)}(1) & X_2^{(0)}(2) & \cdots & X_n^{(0)}(2) & 1 \\
X_1^{(1)}(2) & X_2^{(1)}(2) & \cdots & X_n^{(1)}(2) & X_2^{(0)}(3) & \cdots & X_n^{(0)}(3) & 1 \\
\vdots & \vdots & & \vdots & \vdots & & \vdots & \vdots \\
X_1^{(1)}(r-1) & X_2^{(1)}(r-1) & \cdots & X_n^{(1)}(r-1) & X_2^{(0)}(r) & \cdots & X_n^{(0)}(r) & 1
\end{bmatrix},
$$

$$
\boldsymbol{P} = (a, b_2, b_3, \cdots, b_n, c_2, c_3, \cdots, c_n, d)^{\mathrm{T}}。
$$

则式(5-5)的矩阵形式为:

$$
\boldsymbol{Y} = \boldsymbol{AP},
$$

其中 $\boldsymbol{Y}$ 是原始变形模量序列, $\boldsymbol{A}$ 是 1-AGO 序列和原始序列的混合矩阵, $\boldsymbol{P}$ 是灰色参数构成的序列。

若误差序列为:

$$
\boldsymbol{\varepsilon} = \boldsymbol{Y} - \boldsymbol{AP},
$$

令

$$
s = \boldsymbol{\varepsilon}^{\mathrm{T}} \boldsymbol{\varepsilon} = (\boldsymbol{Y} - \boldsymbol{AP})^{\mathrm{T}}(\boldsymbol{Y} - \boldsymbol{AP})
$$

$$
= \sum_{k=2}^{r} \left[X_1^{(0)}(k) - aX_1^{(1)}(k-1) - \sum_{i=2}^{n} b_i X_i^{(1)}(k-1) - \sum_{i=2}^{n} c_i X_i^{(0)}(k) - d \right]^2,
$$

由最小二乘法可得

$$\begin{cases} \dfrac{\partial s}{\partial a} = -2\sum_{k=2}^{r}\Big[X_1^{(0)}(k) - aX_1^{(1)}(k-1) - \sum_{i=2}^{n}b_iX_i^{(1)}(k-1) - \\[2mm] \qquad \sum_{i=2}^{n}c_iX_i^{(0)}(k) - d\Big]X_1^{(1)}(k-1) = 0, \\[4mm] \dfrac{\partial s}{\partial b_i} = -2\sum_{k=2}^{r}\Big[X_1^{(0)}(k) - aX_1^{(1)}(k-1) - \sum_{i=2}^{n}b_iX_i^{(1)}(k-1) - \\[2mm] \qquad \sum_{i=2}^{n}c_iX_i^{(0)}(k) - d\Big]X_i^{(1)}(k-1) = 0, \\[4mm] \dfrac{\partial s}{\partial c_i} = -2\sum_{k=2}^{r}\Big[X_1^{(0)}(k) - aX_1^{(1)}(k-1) - \sum_{i=2}^{n}b_iX_i^{(1)}(k-1) - \\[2mm] \qquad \sum_{i=2}^{n}c_iX_i^{(0)}(k) - d\Big]X_i^{(0)}(k) = 0, \\[4mm] \dfrac{\partial s}{\partial d} = -2\sum_{k=2}^{r}\Big[X_1^{(0)}(k) - aX_1^{(1)}(k-1) - \sum_{i=2}^{n}b_iX_i^{(1)}(k-1) - \\[2mm] \qquad \sum_{i=2}^{n}c_iX_i^{(0)}(k) - d\Big] = 0, \end{cases}$$

整理该方程组,得

$$\boldsymbol{A}^{\mathrm{T}}\boldsymbol{\varepsilon} = 0$$

$$\Rightarrow \boldsymbol{A}^{\mathrm{T}}(\boldsymbol{Y} - \boldsymbol{A}\boldsymbol{P}) = 0$$

$$\Rightarrow \boldsymbol{A}^{\mathrm{T}}\boldsymbol{Y} - \boldsymbol{A}^{\mathrm{T}}\boldsymbol{A}\boldsymbol{P} = 0$$

$$\Rightarrow \boldsymbol{P} = (\boldsymbol{A}^{\mathrm{T}}\boldsymbol{A})^{-1}\boldsymbol{A}^{\mathrm{T}}\boldsymbol{Y},$$

故定理得证。

定理 5.2.1 讨论了 DMGM$(1,n)$ 模型中灰参数的辨识问题,即新模型中的灰参数可由公式 $\boldsymbol{P} = (a,b_2,b_3,\cdots,b_n,c_2,c_3,\cdots,c_n,d)^{\mathrm{T}} = (\boldsymbol{A}^{\mathrm{T}}\boldsymbol{A})^{-1}\boldsymbol{A}^{\mathrm{T}}\boldsymbol{Y}$ 计算。

定理 5.2.2　假设 $\boldsymbol{X}^{(0)}$ 和 $\boldsymbol{X}_1^{(1)}$ 如定义 5.2.1 所示,DMGM$(1,n)$ 模型的参数 $a,b_2,b_3,\cdots,b_n,c_2,c_3,\cdots,c_n,d$ 由定理 5.2.1 求得,则新模型的时间响应式为

$$\hat{X}_1^{(0)}(k) = aX_1^{(1)}(k-1) + \sum_{i=2}^{n}b_iX_i^{(1)}(k-1) + \sum_{i=2}^{n}c_iX_i^{(0)}(k) + d。$$

定理 5.2.2 给出了 DMGM$(1,n)$ 模型的解析解,即时间响应式。该定理的证明过程可以从定义 5.2.1 的推导中得到。因此,由该定理可求出变形模量的

拟合/预测值。

5.2.3 等间隔岩体变形模量灰色预测模型的建模步骤

本小节讨论了 DMGM$(1,n)$ 模型的建模过程和模型伪代码。

为了描述模型拟合/预测值与原始数据的偏差,本章采用了 APE 和 $MAPE$ 这两个统计误差测度指标对各种预测法进行验证。

$$APE = \frac{\mid \hat{X}^{(0)}(t) - X^{(0)}(t) \mid}{X^{(0)}(t)} \times 100\%,$$

$$MAPE = \frac{1}{r} \sum_{t=t_1}^{t_r} \frac{\mid \hat{X}^{(0)}(t) - X^{(0)}(t) \mid}{X^{(0)}(t)} \times 100\%.$$

综合上述分析,DMGM$(1,n)$ 模型的建模步骤如下。

第一步:数据选择,选择输出($\boldsymbol{X}_1^{(0)}$)序列和输入序列($\boldsymbol{X}_i^{(0)}$)。

第二步:根据定义 5.2.1 计算输出($\boldsymbol{X}_1^{(0)}$)序列和输入序列($\boldsymbol{X}_i^{(0)}$)的一阶累加生成算子 1-AGO。

第三步:参数辨识,根据定理 5.2.1 计算出 DMGM$(1,n)$ 模型中的灰参数 $a, b_2, b_3, \cdots, b_n, c_2, c_3, \cdots, c_n, d \ (i = 2, 3, \cdots, n)$ 值。

第四步:根据第三步求得的参数辨识构建 DMGM$(1,n)$ 模型。

第五步:根据定理 5.2.2 计算出变形模量的拟合值和预测值。

第六步:模型检验,计算新模型的拟合/预测 APE 和 $MAPE$ 值。

根据上述 DMGM$(1,n)$ 的建模步骤,新模型的伪代码如算法 5-1 所示。

Algorithm 5-1:The algorithm of DMGM$(1,n)$模型.

Input:The raw data sequence $X^{(0)}$.

Output:The optimal value of evaluation criteria.

1 Calculate series $X^{(1)}$ according to 1-AGO.

2 Substitute $X^{(1)}$ and $X^{(0)}$ into $(A^TA)^{-1}A^TY$ to obtain parameters a, b_i, c_i, d.

3 Substitute a, b_i, c_i, d into the expression of DMGM$(1,n)$.

4 Derive the simulation/prediction value of $\hat{X}^{(0)}$ according to Eq. (5-4).

5 Compute $MAPE$.

6 if $MAPE \neq \text{fitness}(X^{(0)})$ then

```
7  |    for x(k) ⩾ 0 do
8  |    |    Process the original series X^(0)
9  |    |    Repeat step 1-5
10 |    end
11 end
12 Compute Error and MAPE.
```

5.3 DMGM$(1,n)$与 GMC$(1,n)$之间的区别与联系

在本小节中,我们将从理论上证明 DMGM$(1,n)$优于 GMC$(1,n)$的原因。

5.3.1 两者之间的联系

在定义 5.2.1 中,DMGM$(1,n)$ 的参数 $a,b_2,b_3,\cdots,b_n,c_2,c_3,\cdots,c_n,d$ 可表示为:

$$a = -\frac{\alpha}{1+0.5\alpha}, b_i = \frac{\beta_i}{1+0.5\alpha}, c_i = \frac{0.5\beta_i}{1+0.5\alpha}, d = \frac{u}{1+0.5\alpha},$$

其中 $\alpha,\beta_2,\cdots,\beta_n,u$ 是 GMC$(1,n)$ 的系数。

具体来说,DMGM$(1,n)$ 的参数可以用 GMC$(1,n)$ 的系数表示。

这就是两个模型之间的相互关系。

5.3.2 两者之间的区别

根据第 2 章 GMC$(1,n)$ 定义式,有

$$\hat{X}_1^{(0)}(rp+t)_{\text{GMC}}$$

$$= \hat{X}_1^{(1)}(rp+t) - \hat{X}_1^{(1)}(rp+t-1)$$

$$= X_1^{(0)}(rp+1)\mathrm{e}^{-\alpha(t-1)} + \sum_{\tau=2}^{t}\frac{1}{2}\{\mathrm{e}^{-\alpha(t-\tau+\frac{1}{2})}[f(\tau)+f(\tau-1)]\} -$$

$$X_1^{(0)}(rp+1)\mathrm{e}^{-\alpha(t-1-1)} - \sum_{\tau=2}^{t-1}\frac{1}{2}\{\mathrm{e}^{-\alpha(t-1-\tau+\frac{1}{2})}[f(\tau)+f(\tau-1)]\}$$

$$= X_1^{(0)}(rp+1)(\mathrm{e}^{-\alpha(t-1)} - \mathrm{e}^{-\alpha(t-1-1)}) + \{\frac{1}{2}\mathrm{e}^{-\alpha\cdot\frac{1}{2}}[f(t)+f(t-1)] +$$

$$\sum_{\tau=2}^{t-1}\frac{1}{2}\{e^{-\alpha(t-1-\tau+\frac{1}{2})}[f(\tau)+f(\tau-1)]\}-$$

$$\sum_{\tau=2}^{t-1}\frac{1}{2}\{e^{-\alpha(t-1-\tau+\frac{1}{2})}[f(\tau)+f(\tau-1)]\}$$

$$=X_1^{(0)}(rp+1)e^{-\alpha(t-1)}(1-e^{\alpha})+\frac{1}{2}e^{-0.5\alpha}[f(t)+f(t-1)],\qquad(5\text{-}6)$$

将公式 $f(t)=\sum_{i=2}^{n}\beta_i X_i^{(1)}(t)+u$ 代入式(5-6)可得

$$\hat{X}_1^{(0)}(rp+t)_{\text{GMC}}$$

$$=X_1^{(0)}(rp+1)e^{-\alpha(t-1)}(1-e^{b_1})+\frac{1}{2}e^{-0.5\alpha}\Big[\sum_{i=2}^{n}\beta_i X_i^{(1)}(t)+u+$$

$$\sum_{i=2}^{n}\beta_i X_i^{(1)}(t-1)+u\Big]$$

$$=X_1^{(0)}(rp+1)e^{-\alpha(t-1)}(1-e^{\alpha})+\frac{1}{2}e^{-0.5\alpha}\sum_{i=2}^{n}\beta_i[X_i^{(1)}(t-1)+$$

$$X_i^{(1)}(t-1)+X_i^{(0)}(t)]+e^{-0.5\alpha}u$$

$$=X_1^{(0)}(rp+1)e^{-\alpha(t-1)}(1-e^{\alpha})+\sum_{i=2}^{n}e^{-0.5\alpha}\cdot\beta_i X_i^{(1)}(t-1)+$$

$$\sum_{i=2}^{n}0.5e^{-0.5\alpha}\cdot\beta_i X_i^{(0)}(t)+e^{-0.5\alpha}u\,。\qquad(5\text{-}7)$$

由泰勒公式可得

$$e^{0.5\alpha}=1+0.5\alpha+o(0.5\alpha),$$
$$e^{\alpha}=1+\alpha+o(\alpha),\qquad\qquad(5\text{-}8)$$

若 α 非常小,则

$$a=\frac{-\alpha}{1+0.5\alpha}\approx\frac{-\alpha}{e^{0.5\alpha}}=-\alpha e^{-0.5\alpha},b_i=\frac{\beta_i}{1+0.5\alpha}\approx\beta_i e^{-0.5\alpha},$$

$$(5\text{-}9)$$

$$c_i=\frac{0.5\beta_i}{1+0.5\alpha}\approx0.5\beta_i e^{-0.5\alpha},d=\frac{u}{1+0.5\alpha}\approx u e^{-0.5\alpha}\,。$$

此时,式(5-8)的皮亚诺型余项为 $o(\alpha)$,所以当 α 非常小(通常 $|\alpha|<1$)时,式(5-8)中的两个式子可近似相等。将式(5-8)代入定理 5.2.2,即

$$\hat{X}_1^{(0)}(k)=aX_1^{(1)}(k-1)+\sum_{i=2}^{n}b_i X_i^{(1)}(k-1)+\sum_{i=2}^{n}c_i X_i^{(0)}(k)+d,$$

可得

$$\hat{X}_1^{(0)}(t)_{\text{DMGM}}=-\alpha e^{-0.5\alpha}X_1^{(1)}(t-1)+\sum_{i=2}^{n}\beta_i e^{-0.5\alpha}X_i^{(1)}(t-1)+$$

$$\sum_{i=2}^{n} 0.5\beta_i e^{-0.5a} X_i^{(0)}(t) + u e^{-0.5a}。 \tag{5-10}$$

比较式(5-7)和(5-10)的右侧,可以发现如果 $rp = 0$,这两式除了第一项外,其余项都是相同的。令

$$R = \sum_{i=2}^{n} \beta_i e^{-0.5a} X_i^{(1)}(t-1) + \sum_{i=2}^{n} 0.5\beta_i e^{-0.5a} X_i^{(0)}(t) + u e^{-0.5a},$$

则式(5-7)和(5-10)变为

$$\hat{X}_1^{(0)}(rp+t)_{\text{GMC}} = X_1^{(0)}(rp+1) e^{-a(t-1)}(1-e^a) + R$$

$$\approx -a e^{-a(t-1)} X_1^{(0)}(rp+1) + R, \tag{5-11}$$

$$\hat{X}_1^{(0)}(t)_{\text{DMGM}} = -a e^{-0.5a} X_1^{(1)}(t-1) + R$$

$$= -a e^{-0.5a} \sum_{i=1}^{t-1} X_1^{(0)}(i) + R。 \tag{5-12}$$

对比式(5-11)和(5-12)发现,若 $rp = 0$,GMC$(1,n)$ 模型时间响应式(5-11)的第一项只使用了岩体变形模量 $X_1^{(0)}(rp+1)$ 的第一个数据,将不可避免地导致因信息利用不完全而造成的信息丢失,从而造成模型预测精度不高,这就是 GMC$(1,n)$ 模型结构的不足之处。

从 DMGM$(1,n)$ 模型的结构上看,该模型恰好克服了这一点,其时间响应式(5-12)的第一项为所有原始数据的和,充分利用了所有变形模量原始数据的信息进行建模。因此,考虑到模型结构的稳定性和信息利用的完整性,本章所提出的 DMGM$(1,n)$ 比 GMC$(1,n)$ 有更多的优势。

5.4　模型的有效性验证

为了验证 DMGM$(1,n)$ 模型的准确性、有效性和适用性,本小节采用某水电站的 16 组硬岩变形模量的数据作为测试样本,对其进行拟合分析(数据来源于文献①)。在该例中,将 DMGM$(1,n)$ 模型与三个常用的灰色多变量模型,即 GM$(1,n)$、NGM$(1,n)$ 和 GMC$(1,n)$ 进行比较,以此来验证新模型的有效性。

如表 5-1 所示,由于只有 16 组岩体变形模量及相关参数值,在有限数据可

① 赵渊,王亮清,周鹏.基于改进 RBF 神经网络的硬岩岩体变形模量预测[J].人民长江,2015,46 (3):38-41.

用的情况下,灰色预测模型适用于样本容量较小的情形。变形模量 E_m 是要拟合的对象,因此将其作为系统行为序列,即输出序列($X_1^{(0)}$,GPa)。变形模量主要受利用钻孔岩芯质量 RQD($X_2^{(0)}$),围岩分类 RMR($X_3^{(0)}$)和纵波波速 v_p($X_4^{(0)}$,m·s^{-1})的影响。因此,这三个参数分别作为输入序列。下面详细介绍 DMGM(1,n)模型的建模过程。

表 5-1　某水电站硬岩岩体的变形模量及其他参数值

序号、平硐编号和位置	E_m(GPa)	RQD	RMR	v_p(m·s^{-1})
1. PD17(22 m)	4.36	15.71	56.34	2506.50
2. PD19 (11 m)	9.06	17.29	61.06	2566.00
3. PD5(31 m)	13.68	46.68	64.67	3675.00
4. PD19(30 m)	14.67	34.86	67.68	3229.00
5. PD1 (68 m)	15.81	79.27	67.47	4905.00
6. PD19(134 m)	16.45	64.72	71.41	4356.00
7. PD3(72 m)	17.07	59.40	71.15	4155.00
8. PD15(12 m)	17.11	57.28	70.60	4075.00
9. PD1(85 m)	17.28	88.02	68.83	5235.00
10. PD3(63 m)	17.63	53.70	70.26	3940.00
11. PD3(115 m)	18.31	69.60	70.67	4540.00
12. PD5(63 m)	18.57	66.55	69.57	4425.00
13. PD19(52 m)	19.37	64.72	71.41	4356.00
14. PD5(77 m)	20.20	73.18	71.42	4675.00
15. PD15(33 m)	21.21	88.55	70.98	5255.00
16. PD15(70 m)	22.87	83.11	76.72	5050.00

5.4.1　建模过程

根据定理 5.2.1,在 MATLAB 环境下运用最小二乘法求得 DMGM(1,4)模型的参数辨识分别为:$a=0.47$,$b_2=-0.88$,$b_3=-0.71$,$b_4=0.02$,$c_2=-0.44$,$c_3=-0.35$,$c_4=0.01$,$d=4.81$。由以上参数值可建立 DMGM(1,4)模型,其时间响应式为

$$\hat{X}_1^{(0)}(k)=0.47X_1^{(1)}(k-1)-0.88X_2^{(0)}(k)-0.71X_3^{(0)}(k)+0.02X_4^{(0)}(k)-$$
$$0.44X_2^{(1)}(k-1)-0.35X_3^{(1)}(k-1)+0.01X_4^{(1)}(k-1)+4.81$$

此时,即可由上式计算出模型 DMGM(1,4)对这 16 组硬岩变形模量的拟合值。

5.4.2 模型比较

根据 MATLAB 程序,可计算出 DMGM$(1,n)$、GM$(1,n)$、GMC$(1,n)$和 NGM$(1,n)$四种灰色模型的拟合值、APE 和 $MAPE$ 值,四种模型的比较结果分别列于表 5-2。

表 5-2 原始数据及四种模型的拟合值和误差值

原始数据 (GPa)	DMGM(1,4) 拟合值	APE/%	GMC(1,4) 拟合值	APE/%	GM(1,4) 拟合值	APE/%	NGM(1,4) 拟合值	APE/%
4.36	4.36	**0.00**	4.36	**0.00**	4.36	**0.00**	4.36	**0.00**
9.06	10.12	11.65	9.92	**9.51**	10.25	13.14	10.02	10.56
13.68	12.70	7.16	12.88	5.88	14.42	5.37	13.12	**4.10**
14.67	14.92	1.72	14.72	**0.33**	14.72	0.36	15.23	3.81
15.81	16.28	3.00	16.12	**1.94**	13.54	14.34	17.16	8.56
16.45	16.56	**0.66**	16.57	0.73	1.64	90.02	17.43	5.98
17.07	16.03	6.08	16.15	5.37	−3.68	121.58	17.77	**4.09**
17.11	16.15	**5.59**	15.90	7.09	−8.21	147.97	18.52	8.22
17.28	16.82	**2.65**	16.04	7.17	−11.00	163.66	19.88	15.02
17.63	17.73	**0.55**	16.41	6.94	−21.59	222.45	21.32	20.95
18.31	18.33	**0.13**	16.49	9.96	−41.68	327.63	22.49	22.83
18.57	19.37	**4.32**	16.71	9.99	−43.88	336.31	24.63	32.66
19.37	20.32	**4.92**	16.84	13.05	−84.63	536.91	26.15	34.99
20.20	20.92	**3.57**	16.32	19.21	−117.09	679.67	27.53	36.29
21.21	21.81	**2.85**	15.46	27.09	−153.22	822.39	29.13	37.33
22.87	21.21	**7.27**	12.29	46.28	−326.49	1527.61	28.00	22.44
MAPE/%		**3.88**		10.66		313.09		16.74

表 5-2 中黑体加粗的数据为相对误差最小的值。从该表可以看到,新模型 16 个拟合值中,只有 5 个数据的 *APE* 不是最小的,其余 11 个 *APE* 都最小。另外,DMGM(1,4)模型的拟合 *MAPE* 在这四种模型中是最小的,只有 3.88%。也就是说,新模型相对于另外三种预测模型来说,有更好的拟合效果。其中,GM(1,4)的拟合值出现了异常,误差特别大,说明该模型很不稳定,不适用于该变形模量的拟合问题。GMC(1,4)和 NGM(1,4)模型的拟合 *MAPE* 分别是 10.66% 和 16.74%,都超过了 10%,拟合效果很不理想。

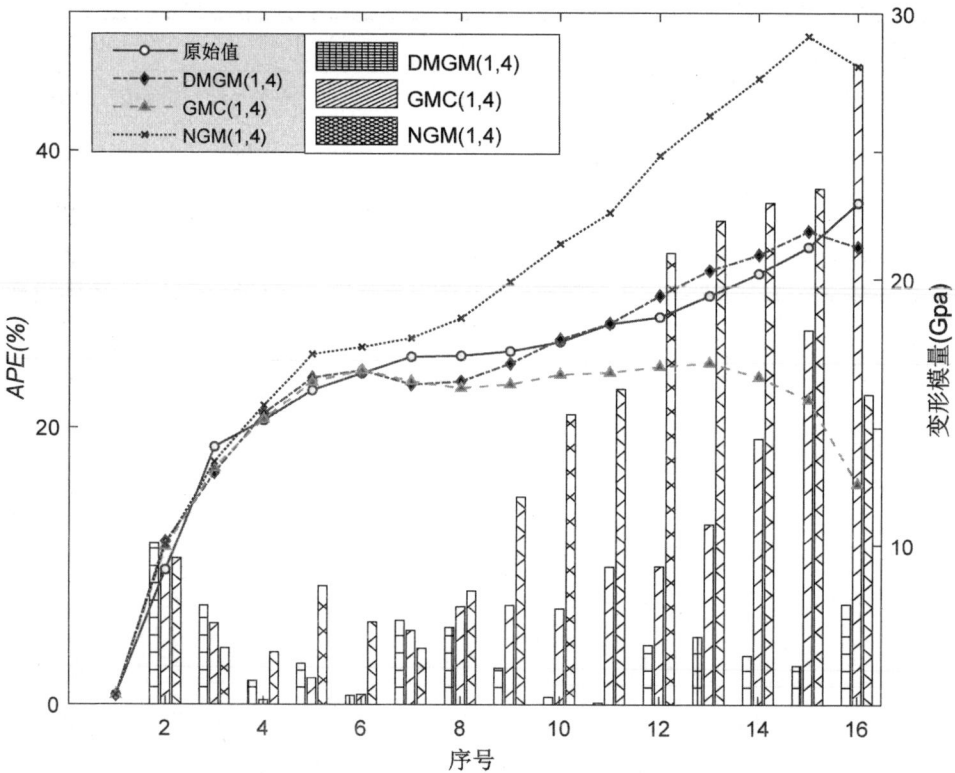

图 5-1 DMGM(1,4)、GMC(1,4)和 NGM(1,4)模型的散点图和 *APE* 柱状图

从表 5-2 中可知,模型 GM(1,4)的拟合效果非常差,因此,图 5-1 的散点和柱状图只比较了 DMGM(1,4)、GMC(1,4)和 NGM(1,4)这三种模型。该图的底部是三种模型 *APE* 值的柱状图,上部分曲线是三种模型和原始数据对比的散点图。从柱状图可以看到,代表 DMGM(1,4)模型 *APE* 值的蓝色柱子相对较短,表明该模型的效果拟合最好。从散点图可看到,DMGM(1,4)的拟合曲线与原始曲线走势一致，几乎与原始数据重合，说明该模型拟合效果好；而 GMC(1，4)和 NGM(1，4)的拟合曲线与之相距甚远，说明这两种模型的拟合效果较差。图 5-1 更直观地描述了除 GM(1,n)外的另外三种模型的拟合性能，很明显，新模型的拟合效果要优于 GM(1,n)、NGM(1,n)和 GMC(1,n)模型。

上述变形模量拟合的有效性验证实例中，DMGM(1,n)模型的拟合 *MAPE* 值最小，只有 3.88%。根据 Lewis 的 *MAPE* 准则，说明 DMGM(1,n)模型的拟合精度最高，相对于 GM(1，4)、NGM(1，4)和 GMC(1，4)模型来说具有更高的拟合效果，说明新模型更有效。

DMGM(1,n)模型的拟合性能优于另外三种模型，是因为该模型的时间响应式的第一项充分利用了原始变形模量数据的所有信息，没有出现信息丢失的情况。所以相对来说，DMGM(1,n)模型比多变量灰色模型 GM(1,n)、NGM(1,n)和 GMC(1,n)的结构更加稳定。另外，GMC(1,n)模型的结果并不令人满意，也就是说，基于派生法的等间隔岩体变形模量灰色预测模型的病态性相对于 GMC(1,n)模型来说确实降低了。因此，DMGM(1,n)模型更适用于变形模量参数的预测问题。

5.5　岩体变形模量预测

岩体变形模量是描述岩体变形特性的重要参数，研究岩体变形模量的预测问题对岩体变形机理研究、工程岩体稳定性评价及工程支护优化设计具有重要的现实意义。岩体纵波波速与变形模量之间的正相关关系可由波动微分方程的理论来解释。另外，单轴抗压强度越大，则岩体变形越大，其变形模量就越大。因此，对岩体变形模量的预测，除了考虑变形模量的灰色系统特征的问题，还需考虑岩体纵波波速、单轴抗压强度等多个相关力学参数的影响。在各种预测方法中，灰色预测模型已经证明了其预测的有效性，能够更好地解决岩体变形模量预测中同时具有的贫信息、离散性、多变量的问题。

本小节以西藏某水电站和云南省金安桥水电站为例，采用 DMGM(1,n)模型对两个水电站坝基的工程岩体的变形模量进行了预测。为了更好地比较新模型的预测效果,我们将 DMGM$(1,n)$ 模型与灰色多变量模型[GM$(1,n)$、GMC$(1,n)$和 NGM$(1,n)$]、人工智能模型(ANN、SVM)和统计模型(ARIMA)这六种模型进行了对比分析。

5.5.1 西藏某水电站坝基岩体变形模量预测

西藏澜沧江某水电站岩性以玄武岩为主,其岩体力学参数值列于表 5-3(数据来自文献[1])。原始试验数据共有 9 组,其中我们取前 5 组数据用于建立 DMGM$(1,n)$模型,后 4 组数据进行预测。岩体变形模量(GPa)是系统行为序列,作为输出序列($X_1^{(0)}$),其试验数据由现场原位试验确定。岩体纵波波速(m·s^{-1})和单轴抗压强度(MPa)与岩体变形模量有较强相关性,这两个力学参数分别作为输入序列($X_2^{(0)}$ 和 $X_3^{(0)}$)。其中纵波波速值由现场声波试验确定,单轴抗压强度值由现场回弹仪试验换算确定。

表 5-3 西藏某水电站岩体力学参数数据

编号	岩体变形模量/GPa	纵波波速/(m·s^{-1})	单轴抗压强度/MPa
1	24.62	5700.00	111.40
2	19.57	4750.00	99.70
3	21.66	5364.00	127.10
4	19.26	4722.00	95.50
5	22.87	5561.00	161.90
6	18.31	4520.00	110.00
7	17.85	4407.00	79.10
8	21.21	5012.00	223.80
9	22.49	5475.00	245.50

---

① 周洪福,聂德新,王春山.水电工程坝基玄武岩体波速与变形模量关系[J].地球科学(中国地质大学学报),2015,40(11):1904-1912.

由定理 5.2.1 及表 5-3 的原始数据建立等间隔多变量岩体变形参数灰色预测模型,并在 MATLAB 环境下计算出 DMGM$(1,n)$ 模型的拟合/预测值如表 5-4 所示。另外,DMGM$(1,n)$ 与 GM$(1,n)$、GMC$(1,n)$、NGM$(1,n)$、ANN、SVR 和 ARIMA 模型的对比结果也列于表 5-4。

表 5-4　岩体变形模量原始数据及七种模型的拟合/预测值

原始数据	DMGM$(1,3)$	GMC$(1,3)$	GM$(1,3)$	NGM$(1,3)$	ARIMA	SVR	ANN
拟合							
24.62	24.62	24.62	24.62	24.62	23.39	24.41	23.48
19.57	19.57	3.87E+23	16.18	19.57	17.75	22.65	21.87
21.66	21.66	6.07E+45	23.25	25.55	22.62	21.23	20.41
19.26	19.26	9.54E+67	19.52	23.68	20.71	19.47	19.76
22.87	22.87	1.50E+90	22.88	27.36	22.61	15.61	19.78
预测							
18.31	18.22	2.35E+112	18.47	23.50	19.50	15.61	19.78
17.85	17.84	3.70E+134	36.36	22.07	22.45	15.33	19.77
21.21	21.12	5.81E+156	57.28	26.37	19.85	16.50	19.78
22.49	22.76	9.13E+178	80.13	28.87	22.15	18.34	19.77

从表 5-4 中 DMGM$(1,n)$、GM$(1,n)$、GMC$(1,n)$、NGM$(1,n)$、ANN、SVR 和 ARIMA 这七种模型的拟合/预测结果可知,模型 GMC$(1,n)$ 的预测结果与原始数据偏差太大,说明 GMC$(1,n)$ 模型不适合本例中岩体变形模量预测。因此,为了清晰地描述几个模型的对比效果,图 5-2 和 5-3 只比较了 DMGM$(1,n)$、GM$(1,n)$、NGM$(1,n)$、ANN、SVR 和 ARIMA 这六种模型。

图 5-2 为 DMGM$(1,n)$、GM$(1,n)$、NGM$(1,n)$、ANN、SVR 和 ARIMA 六种模型的岩体变形模量拟合/预测值与原始数据的对比。左上侧为六个模型的 *APE* 值柱状图及模型拟合/预测值的散点图,底部及右侧为六个模型的线性回

归曲线图。从图 5-2 的散点图中可以看到，DMGM$(1,n)$ 拟合/预测曲线与原始曲线几乎重合，说明该模型拟合/预测效果最好；而与原始曲线偏离最大的是 GM$(1,n)$ 模型，说明该模型拟合/预测效果最差；另外四个模型的表现相差不大。从该图的线性回归图中可以清楚地看到，DMGM$(1,n)$ 模型的相关性最大，GM$(1,n)$ 模型的相关性最小。

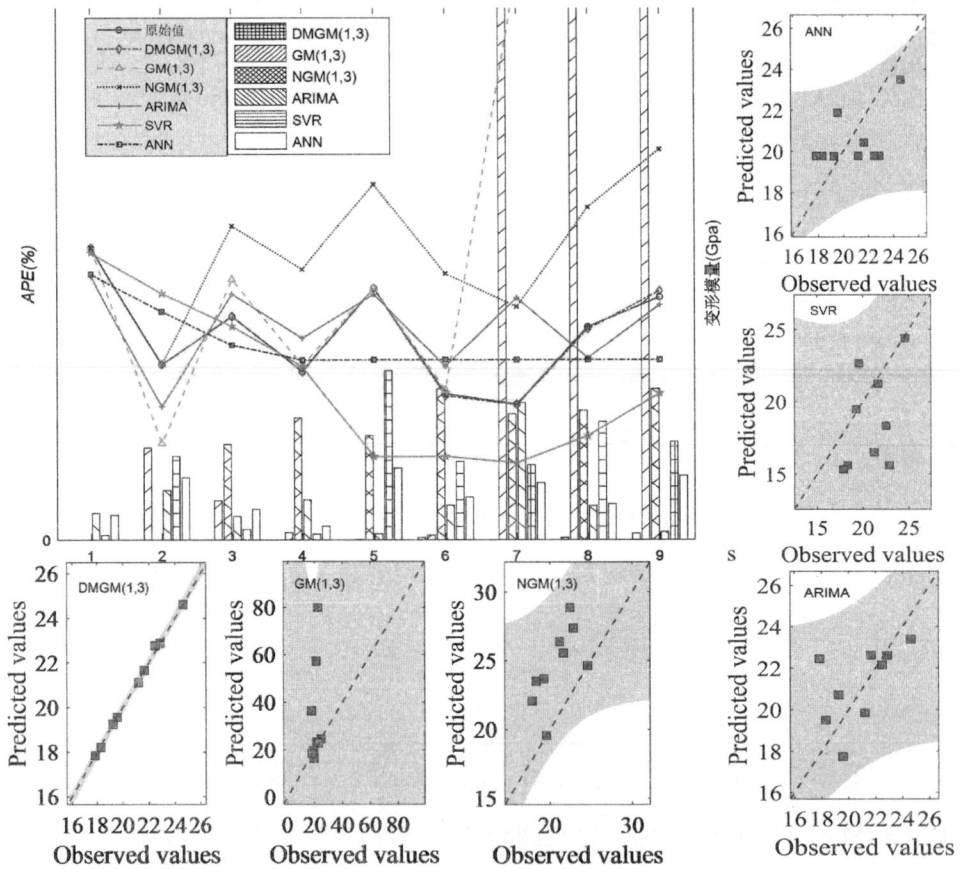

图 5-2　六种模型的拟合/预测效果对比图

　　DMGM$(1,n)$、GMC$(1,n)$、GM$(1,n)$、NGM$(1,n)$、ANN、SVR 和 ARIMA 模型的 APE 和 $MAPE$ 值的对比结果列于表 5-5。从该表可以看到 DMGM $(1,n)$ 模型拟合 $MAPE$ 值是 0%，说明该模型的拟合值与原始值完全相同；其预测 $MAPE$ 值是七种模型中最小的，只有 0.54%，说明新模型预测效果最好。

表 5-5　七种模型的 *APE* 及 *MAPE* 值

模型	DMGM(1,3)	GMC(1,3)	GM(1,3)	NGM(1,3)	ARIMA	SVR	ANN
拟合 *APE*(%)							
0	0	0	0	5.01	0.87	4.64
0	1.98E+24	17.33	0	9.29	15.74	11.74
0	2.80E+46	7.34	17.98	4.43	1.98	5.76
0	4.95E+68	1.37	22.96	7.53	1.11	2.59
0	6.55E+90	0.05	19.65	1.15	31.74	13.53
MAPE(%)　**0**	1.31E+90	5.22	12.12	5.48	10.29	7.65
预测 *APE*(%)							
0.47	1.29E+113	0.90	28.35	6.50	14.75	8.01
0.03	2.07E+135	103.70	23.65	25.77	14.11	10.76
0.44	2.74E+157	170.05	24.32	6.41	22.20	6.75
1.21	4.06E+179	256.31	28.36	1.51	18.48	12.08
MAPE(%)　**0.54**	1.01E+179	132.74	26.17	10.05	17.38	9.40

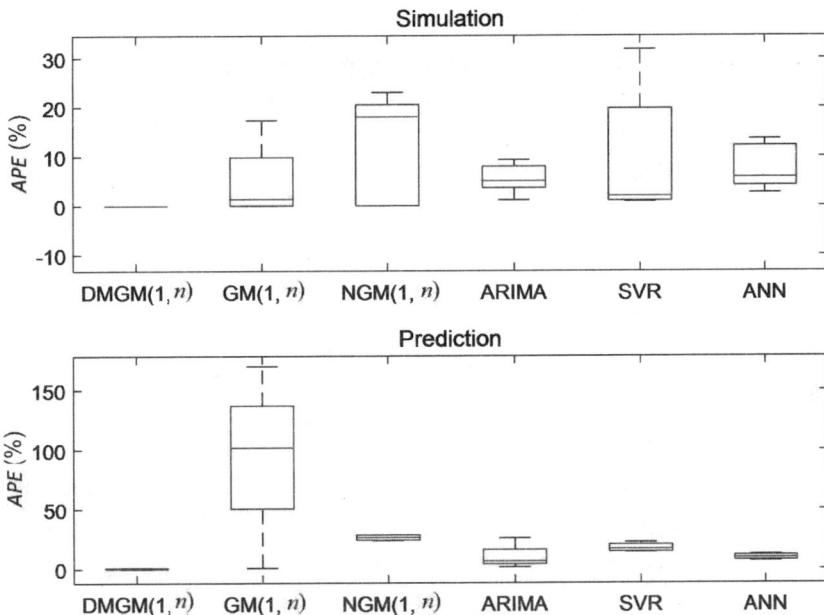

图 5-3　六种模型的 *APE* 值箱式对比图

图 5-3 是 DMGM(1,n)、GM(1,n)、NGM(1,n)、ANN、SVR 和 ARIMA 这六种模型的 *APE* 值箱式对比图,这些箱子中间的红色横杠表示 *APE* 值的中

位数。该图的上方是用于模拟的 APE 值,下方是用于预测的 APE 值。从图 5-3 中可以清楚地看出,无论是拟合结果还是预测结果,DMGM$(1,n)$ 模型中代表 APE 值的中位数横杠都是最低的。

综上所述,在西藏某水电站坝基岩体变形模量预测中,DMGM$(1,n)$ 模型的拟合和预测效果都要优于另外六个模型。

5.5.2 云南省金安桥水电站坝基岩体变形模量预测

云南省金安桥水电站坝基玄武岩体的力学参数如表 5-6 所示,试验数据来自文献[1],共 11 组数据,其中我们取前 8 组数据用于建立 DMGM$(1,n)$ 模型,后 3 组数据进行预测。岩体变形模量(GPa)是系统行为序列,作为输出序列 $(X_1^{(0)})$;纵波波速(m·s^{-1})与岩体变形模量有较强相关性,作为输入序列 $(X_2^{(0)})$,两个变量,$n=2$,然后建立等间隔多变量岩体变形参数灰色预测模型。

根据定理 5.2.1 及表 5-6 的数据可计算出 DMGM$(1,n)$ 模型的拟合和预测结果。DMGM$(1,n)$、GMC$(1,n)$、GM$(1,n)$、NGM$(1,n)$、ANN、SVR 和 ARIMA 七种模型的对比结果列于表 5-7。

表 5-6　云南省水电站坝基岩体纵波波速与变形模量试验结果

试点编号	岩性	E_m/GPa	v_p/(m·s^{-1})
1	绿泥石化玄武	2.70	2245.00
2	绿泥石化玄武	2.80	2276.00
3	绿泥石化玄武	3.10	2463.00
4	绿泥石化玄武	3.20	2324.00
5	绿泥石化玄武	3.30	2558.00
6	绿泥石化玄武	3.90	3267.00
7	绿泥石化玄武	4.10	2683.00
8	绿泥石化玄武	4.40	2821.00
9	绿泥石化玄武	4.80	2845.00
10	绿泥石化玄武	5.00	2946.00
11	绿泥石化玄武	5.40	3840.00

---

① 张楠,王亮清,葛云峰,等.基于因子分析的 BP 神经网络在岩体变形模量预测中的应用[J].工程地质学报,2016,24(1):87-95.

在表 5-7 中，DMGM$(1,n)$、GMC$(1,n)$、GM$(1,n)$、NGM$(1,n)$、ANN、SVR 和 ARIMA 七种模型的拟合/预测值都相差不大，但是模型 GM$(1,n)$ 的最后一个预测值达到了 15.63 GPa，与原始数据的 5.40 GPa 相差较大，预测值出现了异常，所以该模型预测效果最差。

表 5-7　原始数据及七种模型的拟合值和预测值

原始数据	DMGM$(1,n)$	GMC$(1,n)$	GM$(1,n)$	NGM$(1,n)$	ARIMA	SVR	ANN
拟合							
2.70	2.70	2.70	2.70	2.70	4.01	2.65	2.61
2.80	2.76	2.62	2.09	2.85	3.03	2.89	2.80
3.10	3.01	2.86	3.92	3.22	3.01	3.01	3.00
3.20	3.25	3.11	4.26	3.50	3.13	3.14	3.20
3.30	3.50	3.37	4.60	3.87	3.17	3.40	3.40
3.90	3.81	3.66	5.59	4.55	3.21	3.80	3.72
4.10	4.10	3.97	4.61	4.91	3.49	4.19	3.81
4.40	4.36	4.27	4.72	5.30	3.72	4.18	3.78
预测							
4.80	4.62	4.58	4.68	5.67	4.06	4.18	3.78
5.00	4.88	4.90	9.46	6.06	3.84	3.79	3.77
5.40	5.20	5.27	15.63	6.86	3.69	3.36	3.75

图 5-4 是 DMGM$(1,n)$、GMC$(1,n)$、GM$(1,n)$、NGM$(1,n)$、ANN、SVR 和 ARIMA 这七种模型的拟合/预测效果对比图。从该图的散点图可以看出，DMGM$(1,n)$ 与 GMC$(1,n)$ 模型的拟合/预测曲线与原始曲线最为接近；NGM$(1,n)$、ANN、SVR 和 ARIMA 四种模型的拟合/预测曲线与原始曲线都有不同程度的偏离，说明这四个模型的预测效果相差不大；而 GM$(1,n)$ 曲线与原始曲线偏离程度较大，说明该模型预测效果不理想。从该图的线性回归曲线图可以看到，DMGM$(1,n)$ 与 GMC$(1,n)$ 模型的相关性最好，GM$(1,n)$ 的相关性最差。

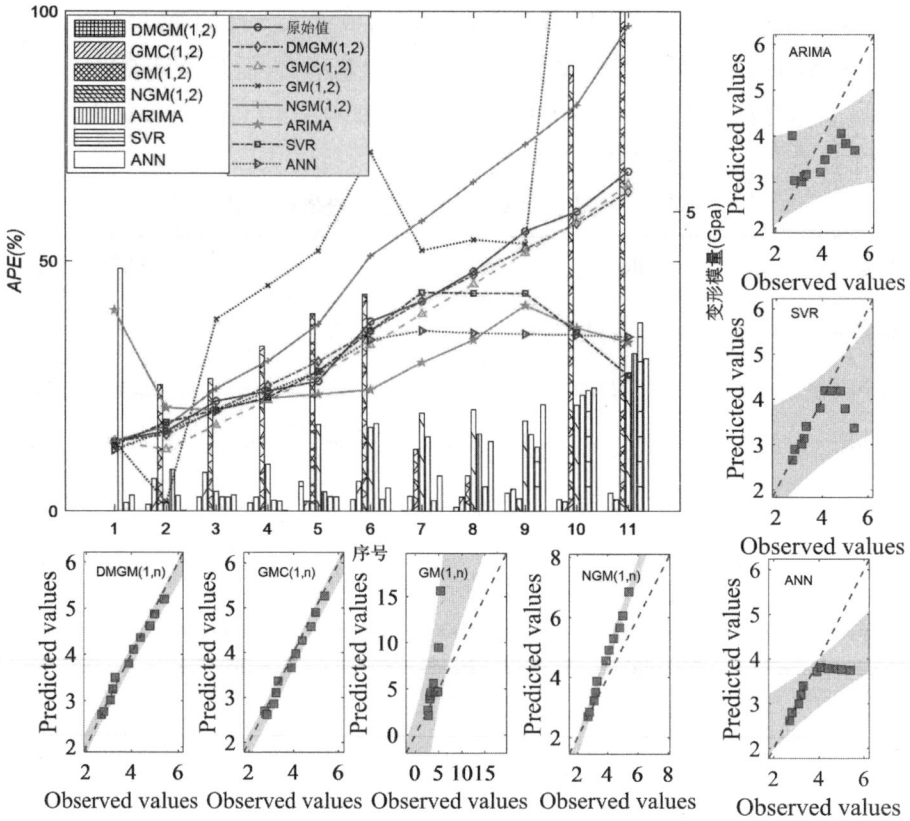

图 5-4　七种模型的拟合/预测效果对比图

这七种模型的 *APE* 和 *MAPE* 值的对比结果列于表 5-8。

表 5-8　七种模型的 *APE* 和 *MAPE* 值

模型	DMGM(1,2)	GMC(1,2)	GM(1,2)	NGM(1,2)	ARIMA	SVR	ANN
拟合 *APE* 值(%)							
	0	**0**	**0**	**0**	48.51	1.69	3.24
	1.30	6.53	25.23	1.79	8.39	3.18	**0.15**
	2.85	7.76	26.46	3.98	2.92	2.87	3.31
	1.65	2.87	33.00	9.43	2.24	2.01	**0.16**
	5.97	1.99	39.50	17.32	3.96	2.99	**2.95**
	2.39	6.04	43.38	16.79	17.57	2.45	4.73
	0.12	3.07	12.41	19.65	14.91	2.17	7.14
	0.83	2.90	7.18	20.38	15.51	4.96	13.98
MAPE(%)	**1.89**	3.89	23.40	11.17	14.25	2.79	4.46

（续表）

		预测 APE 值（%）				
3.68	4.53	**2.58**	18.12	15.42	12.88	21.34
2.43	**1.93**	89.19	21.26	23.24	24.16	24.69
3.72	**2.41**	189.43	26.98	31.61	37.79	30.61
$MAPE$（%）　3.28	**2.96**	93.73	22.12	23.42	24.94	25.55

从表 5-8 中可以看到，DMGM$(1,n)$ 的拟合 $MAPE$ 值是最小的，只有 1.89%，说明该模型拟合效果最好；其预测 $MAPE$ 值仅次于 GMC$(1,n)$ 模型，两者只相差 0.32%。预测 $MAPE$ 值最大的是 GM$(1,n)$，达到 93.73%，说明该模型不适用于该岩体变形参数的预测。

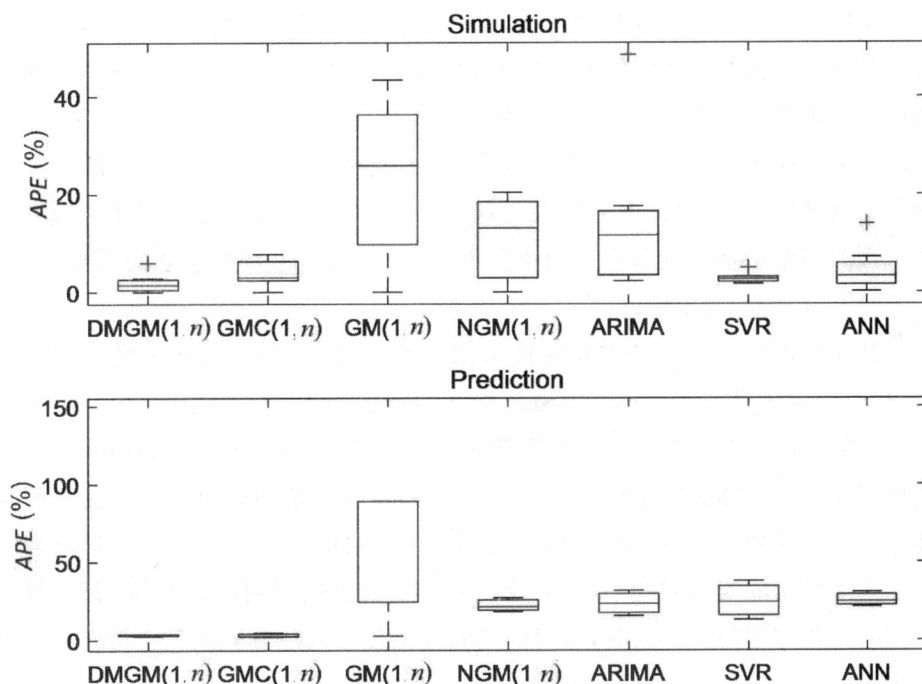

图 5-5　七种模型的 APE 值箱式对比图

图 5-5 是 DMGM$(1,n)$、GMC$(1,n)$、GM$(1,n)$、NGM$(1,n)$、ANN、SVR 和 ARIMA 这七种模型的 APE 值箱式对比图。从该图可以清楚地看到，DMGM$(1,n)$ 模型的整体预测效果最好，其次是 GMC$(1,n)$ 模型；然后是 NGM $(1,n)$、ANN、ARIMA 和 SVR 四种模型，这四种模型的预测效果相差不大；最

后预测效果最差的是 GM$(1,n)$模型。

综上所述,在云南省金安桥水电站坝基岩体变形模量预测中,新模型 DMGM$(1,n)$的整体预测效果最好,其次是 GMC$(1,n)$模型;然后是 NGM$(1,n)$、ANN、ARIMA 和 SVR 四种模型,并且这四个模型的预测效果相差不大;预测效果最差的是 GM$(1,n)$模型。

5.5.3 结果分析

通过两个岩体变形参数预测案例的研究,灰色模型[DMGM$(1,n)$、GMC$(1,n)$、GM$(1,n)$ 和 NGM$(1,n)$]、人工智能模型(ANN 和 SVR)和统计模型(ARIMA)都表现出了不同的预测效果。由于岩体力学试验往往受到资金、时间、尺寸效应等限制,在工程勘察设计阶段往往不可能大量开展岩体现场试验或是室内变形模量试验,因此数据量偏小,而人工智能模型和线性回归模型在数据量较大的情况下才能体现出优点,所以在这两个小数据量的试验中,这两类模型表现较差。综合两个硬岩岩体变形模量预测实例的评价指标结果来看,DMGM$(1,n)$模型预测效果最好。这是因为,由于岩体中发育的大量断层及节理等不连续面,使得岩体变形参数具有离散性的灰色系统特征。岩体变形参数灰色预测模型是基于变形模量的小数据、离散性的灰色特性建立的模型,所以预测更有针对性,效果更好。

基于新模型预测的岩体变形模量值与实测值走势相同,都是呈递增的趋势,也符合岩体纵波波速具有随碉深增加而增加的规律。应用结果表明,本章提出的等间隔多变量岩体变形参数灰色预测模型,克服了变形参数值获得的局限性以及由于岩体的复杂性和诸多不确定因素所带来的取值困难。在工程岩体变形参数预测上,该模型更为合理有效,可直接应用到预测类似工程硬岩岩体的变形模量的实际问题中,为岩土工程的稳定性提供可靠的数据信息,具有较高的工程应用价值。同时,也可应用新模型预测其他有类似灰色特性的力学参数。

DMGM$(1,n)$模型是一种灰色预测模型,适用于具有试验数据有限、间隔相等及离散性特性的岩体变形模量预测。

5.6　小结

岩体变形模量是描述岩体变形特性的重要参数之一,研究岩体变形模量的预测问题对岩体变形机理研究、工程岩体稳定性评价与工程支护优化设计都具有重要意义。本章旨在通过对岩体力学参数所具有的灰色特征,以西藏某水电站和云南省金安桥水电站为例,对岩体变形模量进行建模、预测并与其他模型进行比较分析。主要贡献如下:

(1)针对岩体中发育的大量断层及节理等不连续面的离散性及小样本特征,根据岩体变形模量的多元性,结合等间隔灰色多变量卷积模型,建立等间隔多元岩体变形参数灰色预测模型,并讨论了新模型的参数识别、时间响应式等性质;

(2)通过对岩体变形模量拟合的数值案例验证了新模型的有效性,根据现场原位试验和声波试验结果,对西藏某水电站和云南省金安桥水电站坝基岩体变形模量进行了预测;

(3)新模型克服了岩体因复杂性、离散性等因素导致变形参数难获取的局限性,其预测的岩体变形模量值与实测值走势相同,呈递增的趋势,符合岩体纵波波速随碉深增加而增加的规律。因此,新模型是一种更有效的工程岩体变形参数预测方法,可直接应用到预测类似工程硬岩岩体的变形模量的实际问题中,为岩土工程的稳定性分析提供可靠的数据信息。

虽然多变量岩体变形模量灰色预测模型的结构得到了改善,病态性也降低了,但该模型仍然存在一定的局限性。DMGM$(1,n)$模型的主要缺点是在计算时间响应公式时,采用梯形积分公式来近似求得模型在区间$[k-1,k]$中的面积并且没有优化背景值。这是造成 DMGM$(1,n)$误差的两个主要原因。在以后的研究中,可以考虑将该模型的参数、背景值或初始值进行优化处理。另外,DMGM$(1,n)$模型可以为岩体力学参数研究提供相关的信息,但岩体本身作为一个高度复杂的非线性系统,具有很多的不稳定因素,因此仅从模型预测的结果提炼参数的力学意义也是一个比较复杂的过程,这些都是需要进一步研究的内容。

第6章
非等间隔岩体强度参数的灰色预测模型

第5章根据岩体变形参数所具有的灰色系统特性,提出了等间隔多变量岩体变形参数的灰色预测模型,然而,在岩体力学试验中很多参数的试验结果是非等间隔的序列。因此,本章在单轴抗压强度等力学参数非等间隔的情形下,将第5章的等间隔模型拓展到非等间隔,并针对具有灰色系统特征的岩体强度参数建立了非等间隔强度参数灰色预测模型;基于最小二乘法给出了新模型的参数识别,并用派生法研究了新模型的时间响应公式;通过两个实例验证了新模型的有效性和可靠性,并应用到陕西某水库坝基白云质灰岩岩体抗剪强度参数内聚力和内摩擦角的预测中。

6.1 岩体强度参数研究进展

岩体强度参数的准确取值直接影响到岩体的自身承载能力、加固和支护等工程稳定安全性问题,对岩土工程的安全、稳定及经济意义都有重要影响。

近年来,许多有实用意义的强度理论及预测方法不断被提出。Hoek 等对霍克-布朗强度准则进行修正,提出了基于 GSI 的广义霍克-布朗强度准则。研究人员将霍克-布朗强度准则及岩体强度参数预测方法进行了总结,认为该准则是非线性的,而且使用起来较为复杂。摩尔-库仑强度屈服理论能较好地描述岩体破坏行为及强度特性。柳长根等针对非确定性的岩体,建立了岩体抗剪强度参数的 SVR 模型[①]。刘开云等根据 SVR 算法的分类和回归性能对岩体

---

① 柳长根,许传华. 工程岩体抗剪强度参数选取的支持向量机模型[J]. 现代矿业,2007(8):11-13.

强度参数进行了预测[①]。蔡毅基于粗糙度评价理论,提出了岩体结构面与峰值抗剪强度预测方法[②]。

以上方法虽然有一定的适用性,但是在岩体力学试验中很多参数的试验结果是非等间隔的序列,上述方法并没有考虑这个特点。因此,本章基于样本量有限、非等间隔的单轴抗压强度,结合非等间隔灰色预测模型,研究强度参数的预测问题。

6.2　非等间隔岩体强度参数灰色预测模型

本节建立了一个新型的基于非等间隔单轴抗压强度的岩体强度参数灰色预测模型,并讨论了新模型的建模过程、相关定义、灰色参数辨识及时间响应式等性质。

6.2.1　非等间隔的概念

传统的灰色预测模型主要是基于等间隔序列建立的,GMC$(1,n)$ 模型也不例外,在其定义 2.4.3 中,因变量 $t=1,2,\cdots,r$(r 为数据的个数),两个相邻变量 t 的变化是常数,即 $\Delta t=const$。例如,在文献中,因变量是温度序列(400,500,600,$\cdots$,1300),该序列是一个等间隔序列,因为任意相邻两温度差的变化 $\Delta t=100$ 是一个常数。然而,在岩体力学试验中,单轴抗压强度(46,92,40,$\cdots$,86)是一个非等间隔的序列,因为此时相邻两抗压强度的变化 $\Delta t\neq const$,即两个相邻变量 t 的变化不是一个固定常数,而是不断变化的量。此时,具有这种非等间隔特点的数据就不能用 GMC$(1,n)$ 模型来建模进行拟合/预测,所以该模型在应用上具有一定的局限性。

因此,建立一种新的非等间隔的多变量模型解决岩体强度参数非等间隔的预测问题是非常有必要的。

6.2.2　非等间隔岩体强度参数灰色预测模型的定义

下面讨论非等间隔模型的建模过程。

①　刘开云,乔春生,滕文彦.边坡位移非线性时间序列采用支持向量机算法的智能建模与预测研究[J].岩体工程学报,2004(1):57-61.

②　蔡毅.岩体结构面粗糙度评价与峰值抗剪强度估算方法研究[J].岩石力学与工程学报,2022,41(3):648.

定义 6.2.1 假设 $\boldsymbol{X}^{(0)} = (X_1^{(0)}, X_2^{(0)}, \cdots, X_n^{(0)})$ 是一个非等间隔、非负的试验原始数据,其中序列 $\boldsymbol{X}_1^{(0)} = (X_1^{(0)}(rp + t_1), X_1^{(0)}(rp + t_2), \cdots, X_1^{(0)}(rp + t_r))$ 是岩体变形参数的试验数据,序列 $\boldsymbol{X}_i^{(0)} = (X_i^{(0)}(t_1), X_i^{(0)}(t_2), \cdots, X_i^{(0)}(t_r))(i = 2, 3, \cdots, n)$ 是影响变形参数的力学参数试验数据,则

$$X_1^{(0)}(rp + t_k) + b_1 Z_1^{(1)}(rp + t_{k+1}) = \sum_{i=2}^{n} b_i Z_i^{(1)}(t_{k+1}) + u$$

称为非等间隔岩体强度参数灰色预测模型,简记为 ND-GMC$(1, n)$。

由定义 6.2.1,岩体变形参数序列 $\boldsymbol{X}_1^{(0)}$ 的 1-AGO 序列为

$$\boldsymbol{X}_1^{(1)} = (X_1^{(1)}(rp + t_1), X_1^{(1)}(rp + t_2), \cdots, X_1^{(1)}(rp + t_r)), \quad (6\text{-}1)$$

其中

$$X_1^{(1)}(rp + t_k) = \sum_{i=1}^{k} \Delta t_i X_1^{(0)}(rp + t_i)。 \quad (6\text{-}2)$$

相关力学参数序列 $\boldsymbol{X}_i^{(0)}$ 的 1-AGO 序列为

$$\boldsymbol{X}_i^{(1)} = (X_i^{(1)}(t_1), X_i^{(1)}(t_2), \cdots, X_i^{(1)}(t_r)), i = 2, 3, \cdots, n, \quad (6\text{-}3)$$

其中

$$X_i^{(1)}(t_k) = \sum_{i=1}^{k} X_i^{(0)}(t_i) \Delta t_i, i = 2, 3, \cdots, n, \quad (6\text{-}4)$$

Δt_i 表示 t_i 和 t_{i-1} 之间的间隔,且 $\Delta t_i = t_i - t_{i-1} \neq const$。

通常情况下,当 $i = 1$ 时,$\Delta t_i = 1$。

ND-GMC$(1, n)$ 的白化微分方程式为

$$\frac{dX_1^{(1)}(rp + t_k)}{dt_k} + b_1 X_1^{(1)}(rp + t_k) =$$

$$b_2 X_2^{(1)}(t_k) + b_3 X_3^{(1)}(t_k) + \cdots + b_n X_n^{(1)}(t_k) + u, \quad (6\text{-}5)$$

令 $\boldsymbol{Z}_i^{(1)}(i = 1, 2, \cdots, n)$ 为紧邻均值算子,其中

$$Z_1^{(1)}(rp + t_k) = 0.5(X_1^{(1)}(rp + t_k) + X_1^{(1)}(rp + t_{k-1})),$$
$$Z_i^{(1)}(t_k) = 0.5(X_i^{(1)}(t_k) + X_i^{(1)}(t_{k-1})), k = 2, 3, \cdots, r, \quad (6\text{-}6)$$

即为定义 6.2.1 的定义式

$$X_1^{(0)}(rp + t_k) + b_1 Z_1^{(1)}(rp + t_{k+1}) = \sum_{i=2}^{n} b_i Z_i^{(1)}(t_{k+1}) + u。 \quad (6\text{-}7)$$

特别地,

(1) 当间隔 $\Delta t_i = t_i - t_{i-1} = const$ 时,则公式(6-7)就是原 GMC$(1, n)$ 模型;

(2) 当间隔 $\Delta t_i = t_i - t_{i-1} = const$,$rp = 0$ 且 $u = 0$ 时,式(6-7)转变为传统的灰色多变量 GM$(1, n)$ 模型,即

$$X_1^{(0)}(t) + b_1 Z_1^{(1)}(t) = \sum_{i=2}^{n} b_i Z_i^{(1)}(t);$$

（3）当 $rp = 0$ 且输入序列的变量个数为 0 时，即 $rp = 0$ 且 $n = 1$，式(6-7)就变为非等间隔单变量模型，即

$$X_1^{(0)}(t_k) + b_1 Z_1^{(1)}(t_k) = u, \qquad (6-8)$$

该式就是经典的 NE-GM(1, 1) 模型；

（4）当 $\Delta t_i = t_i - t_{i-1} = const$，$rp = 0$ 且 $n = 1$ 时，式(6-7)转化为传统的等间隔单变量模型，即经典 GM(1, 1) 模型

$$X_1^{(0)}(t) + b_1 Z_1^{(1)}(t) = u。$$

显然，从 ND-GMC(1, n) 模型的结构来看，GM(1, 1)、NE-GM(1, 1)、GM(1, n) 和 GMC(1, n) 模型都是 ND-GMC(1, n) 模型的特殊形式。因此，本章所建立的新模型是一个具有强兼容性的灰色通用模型，且该模型是基于岩体强度参数建立的非等间隔灰色预测模型，在应用上具有较强的针对性。

6.2.3　非等间隔岩体强度参数灰色预测模型的性质

下面将讨论 ND-GMC(1, n) 模型的参数识别、时间响应式等性质。

定理 6.2.1　假设 $\boldsymbol{X}_i^{(0)}$ 和 $\boldsymbol{Z}_i^{(1)}$ $(i = 1, 2, \cdots, n)$ 如定义 6.2.1 所示，则 ND-GMC(1, n) 模型的参数满足

$$\boldsymbol{P} = [b_1, b_2, \cdots, b_n, u]^{\mathrm{T}} = (\boldsymbol{B}_1^{\mathrm{T}} \boldsymbol{B}_1)^{-1} \boldsymbol{B}_1^{\mathrm{T}} \boldsymbol{Y}_1,$$

其中

$$\boldsymbol{B}_1 = \begin{bmatrix} -Z_1^{(1)}(rp + t_2) & Z_2^{(1)}(t_2) & \cdots & Z_n^{(1)}(t_2) & 1 \\ -Z_1^{(1)}(rp + t_3) & Z_2^{(1)}(t_3) & \cdots & Z_n^{(1)}(t_3) & 1 \\ \vdots & \vdots & \vdots & \vdots \\ -Z_1^{(1)}(rp + t_r) & Z_2^{(1)}(t_r) & \cdots & Z_n^{(1)}(t_r) & 1 \end{bmatrix}, \boldsymbol{Y}_1 = \begin{bmatrix} X_1^{(0)}(rp + t_2) \\ X_1^{(0)}(rp + t_3) \\ \vdots \\ X_1^{(0)}(rp + t_r) \end{bmatrix}。$$

证明　将原始试验数据代入式(6-7)，则有

$$\begin{cases} X_1^{(0)}(rp + t_2) = -b_1 Z_1^{(1)}(rp + t_2) + b_2 Z_2^{(1)}(t_2) + \\ \qquad b_3 Z_3^{(1)}(t_2) + \cdots + b_n Z_n^{(1)}(t_2) + u, \\ X_1^{(0)}(rp + t_3) = -b_1 Z_1^{(1)}(rp + t_3) + b_2 Z_2^{(1)}(t_3) + \\ \qquad b_3 Z_3^{(1)}(t_3) + \cdots + b_n Z_n^{(1)}(t_3) + u, \\ \qquad\qquad\qquad \vdots \\ X_1^{(0)}(rp + t_r) = -b_1 Z_1^{(1)}(rp + t_r) + b_2 Z_2^{(1)}(t_r) + \\ \qquad b_3 Z_3^{(1)}(t_r) + \cdots + b_n Z_n^{(1)}(t_r) + u, \end{cases} \qquad (6-9)$$

上式的矩阵形式为 $\boldsymbol{Y}_1 = \boldsymbol{B}_1 \boldsymbol{P}$。

若误差序列定义为：

$$\boldsymbol{\varepsilon} = \boldsymbol{Y}_1 - \boldsymbol{B}_1 \boldsymbol{P},$$

令

$$s = \boldsymbol{\varepsilon}^{\mathrm{T}} \boldsymbol{\varepsilon} = (\boldsymbol{Y}_1 - \boldsymbol{B}_1 \boldsymbol{P})^{\mathrm{T}} (\boldsymbol{Y}_1 - \boldsymbol{B}_1 \boldsymbol{P}),$$

则

$$s = \sum_{k=2}^{r} [X_1^{(0)}(rp+t_k) + b_1 Z_1^{(1)}(rp+t_k) - b_2 Z_2^{(1)}(t_k) - b_3 Z_3^{(1)}(t_k) - \cdots - b_n Z_n^{(1)}(t_k) - u]^2 。$$

根据最小二乘法，可得

$$\begin{cases} \dfrac{\partial s}{\partial b_1} = 2 \sum_{k=2}^{r} [X_1^{(0)}(rp+t_k) + b_1 Z_1^{(1)}(rp+t_k) - b_2 Z_2^{(1)}(t_k) - \cdots - \\ \qquad b_n Z_n^{(1)}(t_k) - u] Z_1^{(1)}(rp+t_k) = 0, \\ \dfrac{\partial s}{\partial b_2} = -2 \sum_{k=2}^{r} [X_1^{(0)}(rp+t_k) + b_1 Z_1^{(1)}(rp+t_k) - b_2 Z_2^{(1)}(t_k) - \cdots - \\ \qquad b_n Z_n^{(1)}(t_k) - u] Z_2^{(1)}(t_k) = 0, \\ \qquad\qquad\qquad\qquad\qquad \vdots \\ \dfrac{\partial s}{\partial b_n} = -2 \sum_{k=2}^{r} [X_1^{(0)}(rp+t_k) + b_1 Z_1^{(1)}(rp+t_k) - b_2 Z_2^{(1)}(t_k) - \cdots - \\ \qquad b_n Z_n^{(1)}(t_k) - u] Z_n^{(1)}(t_k) = 0, \\ \dfrac{\partial s}{\partial u} = -2 \sum_{k=2}^{r} [X_1^{(0)}(rp+t_k) + b_1 Z_1^{(1)}(rp+t_k) - b_2 Z_2^{(1)}(t_k) - \cdots - \\ \qquad b_n Z_n^{(1)}(t_k) - u] = 0, \end{cases} \tag{6-10}$$

整理上式，可得

$$\boldsymbol{B}_1^{\mathrm{T}} \boldsymbol{\varepsilon} = 0$$
$$\Rightarrow \boldsymbol{B}_1^{\mathrm{T}} (\boldsymbol{Y}_1 - \boldsymbol{B}_1 \boldsymbol{P}) = 0$$
$$\Rightarrow \boldsymbol{B}_1^{\mathrm{T}} \boldsymbol{Y}_1 - \boldsymbol{B}_1^{\mathrm{T}} \boldsymbol{B}_1 \boldsymbol{P} = 0$$
$$\Rightarrow \boldsymbol{P} = (\boldsymbol{B}_1^{\mathrm{T}} \boldsymbol{B}_1)^{-1} \boldsymbol{B}_1^{\mathrm{T}} \boldsymbol{Y}。$$

定理得证。

从定理 6.2.1 的证明过程可知，ND-GMC$(1,n)$ 模型的灰色参数值可由公式 $\boldsymbol{P} = [b_1, b_2, \cdots, b_n, u]^{\mathrm{T}} = (\boldsymbol{B}_1^{\mathrm{T}} \boldsymbol{B}_1)^{-1} \boldsymbol{B}_1^{\mathrm{T}} \boldsymbol{Y}_1$ 求得。同时，由该定理还可看出，矩阵 $\boldsymbol{B}_1$ 是由岩体强度参数背景值序列构成的矩阵，$\boldsymbol{Y}$ 是岩体强度参数构成的向

量，P 是新模型中的灰色参数构成的向量。

定理 6.2.2 若 B_1 如定理 6.2.1 所示，则

$$B_1 = C \cdot D \cdot A \cdot M,$$

其中

$$C = \begin{pmatrix} 0.5 & 0.5 & \cdots & 0 \\ 0 & 0.5 & \cdots & 0 \\ \vdots & \vdots & & \vdots \\ 0 & 0 & \cdots & 0.5 \end{pmatrix}, D = \begin{pmatrix} 1 & 0 & \cdots & 0 \\ 1 & 1 & \cdots & 0 \\ \vdots & \vdots & & \vdots \\ 1 & 1 & \cdots & 1 \end{pmatrix},$$

$$A = \begin{pmatrix} \Delta t_1 & 0 & \cdots & 0 \\ 0 & \Delta t_2 & \cdots & 0 \\ \vdots & \vdots & & \vdots \\ 0 & 0 & \cdots & \Delta t_n \end{pmatrix},$$

及

$$M = \begin{pmatrix} -X_1^{(0)}(rp+t_1) & X_2^{(0)}(t_1) & \cdots & X_n^{(0)}(t_1) & 1 \\ -X_1^{(0)}(rp+t_2) & X_2^{(0)}(t_2) & \cdots & X_n^{(0)}(t_2) & 0 \\ \vdots & \vdots & & \vdots & \vdots \\ -X_1^{(0)}(rp+t_r) & X_2^{(0)}(t_r) & \cdots & X_n^{(0)}(t_r) & 0 \end{pmatrix}。$$

证明 由定义 6.2.1

$$Z_1^{(1)}(rp+t_k) = 0.5[X_1^{(1)}(rp+t_k) + X_1^{(1)}(rp+t_{k-1})],$$

$$Z_i^{(1)}(t_k) = 0.5[X_i^{(1)}(t_k) + X_i^{(1)}(t_{k-1})]。$$

其中 $i = 1, 2, \cdots n; k = 2, 3, \cdots, n$。

则

$$B_1 = \begin{pmatrix} -\dfrac{X_1^{(1)}(rp+t_1)+X_1^{(1)}(rp+t_2)}{2} & \dfrac{X_2^{(1)}(t_1)+X_2^{(1)}(t_2)}{2} & \cdots & \dfrac{X_n^{(1)}(t_1)+X_n^{(1)}(t_2)}{2} & 1 \\ -\dfrac{X_1^{(1)}(rp+t_2)+X_1^{(1)}(rp+t_3)}{2} & \dfrac{X_2^{(1)}(t_2)+X_2^{(1)}(t_3)}{2} & \cdots & \dfrac{X_n^{(1)}(t_2)+X_n^{(1)}(t_3)}{2} & 1 \\ \vdots & \vdots & & \vdots & \vdots \\ -\dfrac{X_1^{(1)}(rp+t_{r-1})+X_1^{(1)}(rp+t_r)}{2} & \dfrac{X_2^{(1)}(t_{r-1})+X_2^{(1)}(t_r)}{2} & \cdots & \dfrac{X_n^{(1)}(t_{r-1})+X_n^{(1)}(t_r)}{2} & 1 \end{pmatrix}。$$

$$(6-11)$$

根据矩阵的分解,公式(6-11)可表示为

$$
\boldsymbol{B}_1 = \begin{pmatrix} 0.5 & 0.5 & \cdots & 0 \\ 0 & 0.5 & \cdots & 0 \\ \vdots & \vdots & & \vdots \\ 0 & 0 & \cdots & 0.5 \end{pmatrix} \cdot \begin{pmatrix} -X_1^{(1)}(rp+t_1) & X_2^{(1)}(t_1) & \cdots & X_n^{(1)}(t_1) & 1 \\ -X_1^{(1)}(rp+t_2) & X_2^{(1)}(t_2) & \cdots & X_n^{(1)}(t_2) & 1 \\ \vdots & \vdots & & \vdots & \vdots \\ -X_1^{(1)}(rp+t_r) & X_2^{(1)}(t_r) & \cdots & X_n^{(1)}(t_r) & 1 \end{pmatrix}。
$$

$$(6\text{-}12)$$

由于序列 $\boldsymbol{X}_1^{(1)}, \boldsymbol{X}_2^{(1)}, \cdots, \boldsymbol{X}_n^{(1)}$ 是 $\boldsymbol{X}_1^{(0)}, \boldsymbol{X}_2^{(0)}, \cdots, \boldsymbol{X}_n^{(0)}$ 的一阶累加生成算子 1-AGO 序列,则式(6-12)变为

$$
\boldsymbol{B}_1 = \begin{pmatrix} 0.5 & 0.5 & \cdots & 0 \\ 0 & 0.5 & \cdots & 0 \\ \vdots & \vdots & & \vdots \\ 0 & 0 & \cdots & 0.5 \end{pmatrix} \cdot \begin{pmatrix} \Delta t_1 & 0 & \cdots & 0 & 0 \\ \Delta t_1 & \Delta t_2 & \cdots & 0 & 0 \\ \vdots & \vdots & & \vdots & \vdots \\ \Delta t_1 & \Delta t_2 & \cdots & \Delta t_{r-1} & 0 \\ \Delta t_1 & \Delta t_2 & \cdots & \Delta t_{r-1} & \Delta t_r \end{pmatrix} \cdot
$$

$$
\begin{pmatrix} -X_1^{(0)}(rp+t_1) & X_2^{(0)}(t_1) & \cdots & X_n^{(0)}(t_1) & 1 \\ -X_1^{(0)}(rp+t_2) & X_2^{(0)}(t_2) & \cdots & X_n^{(0)}(t_2) & 0 \\ \vdots & \vdots & & \vdots & \vdots \\ -X_1^{(0)}(rp+t_{r-1}) & X_2^{(0)}(t_{r-1}) & \cdots & X_n^{(0)}(t_{r-1}) & 0 \\ -X_1^{(0)}(rp+t_r) & X_2^{(0)}(t_r) & \cdots & X_n^{(0)}(t_r) & 0 \end{pmatrix}
$$

$$
= \begin{pmatrix} 0.5 & 0.5 & \cdots & 0 \\ 0 & 0.5 & \cdots & 0 \\ \vdots & \vdots & & \vdots \\ 0 & 0 & \cdots & 0.5 \end{pmatrix} \cdot \begin{pmatrix} 1 & 0 & \cdots & 0 \\ 1 & 1 & \cdots & 0 \\ \vdots & \vdots & & 0 \\ 1 & 1 & \cdots & 1 \end{pmatrix} \cdot \begin{pmatrix} \Delta t_1 & 0 & \cdots & 0 \\ 0 & \Delta t_2 & \cdots & 0 \\ \vdots & \vdots & & \vdots \\ 0 & 0 & \cdots & \Delta t_n \end{pmatrix} \cdot
$$

$$
\begin{pmatrix} -X_1^{(0)}(rp+t_1) & X_2^{(0)}(t_1) & \cdots & X_n^{(0)}(t_1) & 1 \\ -X_1^{(0)}(rp+t_2) & X_2^{(0)}(t_2) & \cdots & X_n^{(0)}(t_2) & 0 \\ \vdots & \vdots & & \vdots & \vdots \\ -X_1^{(0)}(rp+t_{r-1}) & X_2^{(0)}(t_{r-1}) & \cdots & X_n^{(0)}(t_{r-1}) & 0 \\ -X_1^{(0)}(rp+t_r) & X_2^{(0)}(t_r) & \cdots & X_n^{(0)}(t_r) & 0 \end{pmatrix},
$$

若令

$$
\boldsymbol{C} = \begin{pmatrix} 0.5 & 0.5 & \cdots & 0 \\ 0 & 0.5 & \cdots & 0 \\ \vdots & \vdots & & \vdots \\ 0 & 0 & \cdots & 0.5 \end{pmatrix}, \boldsymbol{D} = \begin{pmatrix} 1 & 0 & \cdots & 0 \\ 1 & 1 & \cdots & 0 \\ \vdots & \vdots & & \vdots \\ 1 & 1 & \cdots & 1 \end{pmatrix}, \boldsymbol{A} = \begin{pmatrix} \Delta t_1 & 0 & \cdots & 0 \\ 0 & \Delta t_2 & \cdots & 0 \\ \vdots & \vdots & & \vdots \\ 0 & 0 & \cdots & \Delta t_n \end{pmatrix},
$$

$$
\boldsymbol{M} = \begin{pmatrix} -X_1^{(0)}(rp+t_1) & X_2^{(0)}(t_1) & \cdots & X_n^{(0)}(t_1) & 1 \\ -X_1^{(0)}(rp+t_2) & X_2^{(0)}(t_2) & \cdots & X_n^{(0)}(t_2) & 0 \\ \vdots & \vdots & & \vdots & \vdots \\ -X_1^{(0)}(rp+t_r) & X_2^{(0)}(t_r) & \cdots & X_n^{(0)}(t_r) & 0 \end{pmatrix},
$$

则 $\boldsymbol{B}_1 = \boldsymbol{C} \cdot \boldsymbol{D} \cdot \boldsymbol{A} \cdot \boldsymbol{M}$。

定理得证。

从定理 6.2.2 可以看出，参数识别中所涉及的灰色生成都可以通过矩阵表示出来。在 $\boldsymbol{B}_1 = \boldsymbol{C} \cdot \boldsymbol{D} \cdot \boldsymbol{A} \cdot \boldsymbol{M}$ 中，矩阵 $\boldsymbol{C}$ 表示岩体强度参数序列的紧邻均值矩阵，$\boldsymbol{D}$ 是强度参数的 1-AGO 序列构成的矩阵，$\boldsymbol{A}$ 是单轴抗压强度构成的非等间隔矩阵，$\boldsymbol{M}$ 代表原始试验数据构成的矩阵。

下面采用派生法计算模型 ND-GMC$(1,n)$ 的时间响应式。

定理 6.2.3 假设序列 $\boldsymbol{X}_1^{(0)}$ 和 $\boldsymbol{X}_1^{(1)}$ 如定义 6.2.1 所示，则 ND-GMC$(1,n)$ 的时间响应式为

$$
\hat{X}_1^{(0)}(rp+t_k) = -\alpha(t_k)X_1^{(1)}(rp+t_{k-1}) +
$$

$$
\sum_{i=2}^{n} \beta_i(t_k)X_i^{(1)}(t_{k-1}) + \sum_{i=2}^{n} \gamma_i(t_k)X_i^{(0)}(t_k) + \mu(t_k),
$$

其中

$$
\alpha(t_k) = \frac{b_1}{1+0.5b_1\Delta t_k}, \beta_i(t_k) = \frac{b_i}{1+0.5b_1\Delta t_k},
$$

$$
\gamma_i(t_k) = \frac{0.5\Delta t_k b_i}{1+0.5b_1\Delta t_k}, \mu(t_k) = \frac{u}{1+0.5b_1\Delta t_k},
$$

$i = 2,3,\cdots,n$。

证明 由灰色差异信息原理，有

$$
\frac{\mathrm{d}\boldsymbol{X}_1^{(1)}}{\mathrm{d}t} = \lim_{\Delta t \to 0} \frac{\Delta \boldsymbol{X}_1^{(1)}}{\Delta t}
$$

$$
= \frac{X_1^{(1)}(rp+t_k) - X_1^{(1)}(rp+t_{k-1})}{(rp+t_k) - (rp+t_{k-1})}
$$

$$
= \frac{X_1^{(1)}(rp+t_k) - X_1^{(1)}(rp+t_{k-1})}{\Delta t}
$$

$$
= X_1^{(0)}(rp+t_k), \tag{6-13}
$$

同理可得

$$\frac{X_i^{(1)}(t_k) - X_i^{(1)}(t_{k-1})}{\Delta t_k} = X_i^{(0)}(t_k), i = 2, 3, \cdots, n,$$

根据式(6-6),则

$$\begin{aligned} Z_i^{(1)}(t_k) &= 0.5[X_i^{(1)}(t_k) + X_i^{(1)}(t_{k-1})] \\ &= 0.5[X_i^{(0)}(t_k)\Delta t_k + X_i^{(1)}(t_{k-1}) + X_i^{(1)}(t_{k-1})] \\ &= 0.5X_i^{(0)}(t_k)\Delta t_k + X_i^{(1)}(t_{k-1})。 \end{aligned}$$

类似地,

$$Z_1^{(1)}(rp + t_k) = 0.5X_1^{(0)}(rp + t_k)\Delta t_k + X_1^{(1)}(rp + t_{k-1}), \qquad (6\text{-}14)$$

将式(6-14)代入(6-7),可得

$$X_1^{(0)}(rp + t_k) + b_1[0.5X_1^{(0)}(rp + t_k)\Delta t_k + X_1^{(1)}(rp + t_{k-1})]$$

$$= \sum_{i=2}^{n} b_i[0.5X_i^{(0)}(t_k)\Delta t_k + X_i^{(1)}(t_{k-1})] + u,$$

即

$$X_1^{(0)}(rp + t_k)(1 + 0.5b_1\Delta t_k) + b_1 X_1^{(1)}(rp + t_{k-1}) =$$

$$\sum_{i=2}^{n} 0.5b_i\Delta t_k X_i^{(0)}(t_k) + \sum_{i=2}^{n} b_i X_i^{(1)}(t_{k-1}) + u。$$

若 $1 + 0.5b_1\Delta t_k \neq 0$,则

$$X_1^{(0)}(rp + t_k) = -\frac{b_1}{1 + 0.5b_1\Delta t_k} X_1^{(1)}(rp + t_{k-1}) +$$

$$\sum_{i=2}^{n} \frac{b_i}{1 + 0.5b_1\Delta t_k} X_i^{(1)}(t_{k-1}) + \sum_{i=2}^{n} \frac{0.5b_i\Delta t_k}{1 + 0.5b_1\Delta t_k} X_i^{(0)}(t_k) + \frac{u}{1 + 0.5b_1\Delta t_k},$$

令

$$\alpha(t_k) = \frac{b_1}{1 + 0.5b_1\Delta t_k}, \beta_i(t_k) = \frac{b_i}{1 + 0.5b_1\Delta t_k},$$

$$\gamma_i(t_k) = \frac{0.5\Delta t_k b_i}{1 + 0.5b_1\Delta t_k}, \mu(t_k) = \frac{u}{1 + 0.5b_1\Delta t_k}, \qquad (6\text{-}15)$$

即

$$\hat{X}_1^{(0)}(rp + t_k) = -\alpha(t_k)X_1^{(1)}(rp + t_{k-1}) +$$

$$\sum_{i=2}^{n} \beta_i(t_k)X_i^{(1)}(t_{k-1}) + \sum_{i=2}^{n} \gamma_i(t_k)X_i^{(0)}(t_k) + \mu(t_k)。 \qquad (6\text{-}16)$$

定理得证。

定理 6.2.3 通过派生法给出了 ND-GMC$(1, n)$ 的时间响应式,即为该模型的解析解。由式(6-16)即可求出岩体强度参数的拟合/预测值。

6.2.4　非等间隔岩体强度参数灰色预测模型的建模步骤

综上所述，ND-GMC$(1,n)$ 的建模步骤如下。

第一步：用 1-AGO 算子对强度参数序列 $\boldsymbol{X}_1^{(0)}$ 进行处理，得到新序列 $\boldsymbol{X}_1^{(1)}$。

第二步：基于新序列 $\boldsymbol{X}_1^{(1)}$，由定理 6.2.1 计算出 ND-GMC$(1,n)$ 模型的灰色参数值。

第三步：将第二步计算的参数值代入公式（6-7），建立模型 ND-GMC$(1,n)$。

第四步：利用定理 6.2.3 的时间响应式计算出 $\hat{\boldsymbol{X}}_1^{(1)}$。

第五步：由 1-AGO 的逆算子还原岩体强度参数的拟合/预测值 $\hat{\boldsymbol{X}}_1^{(0)}$。

第六步：模型检验和误差分析。

根据 ND-GMC$(1,n)$ 建模步骤，其伪代码如算法 6-1 所示。

Algorithm 6-1：The ND-GMC $(1,n)$ algorithm.

Input：The raw data sequence $X^{(0)}$.

Output：The optimal value of evaluation criteria.

1 Using the 1-AGO operator to process the original data.

2 Calculate the series $X^{(1)}$ and $Z^{(1)}$.

3 Substitute the series $X^{(1)}$ and $Z^{(1)}$ into $(B_1^{\mathrm{T}} B_1)^{-1} B_1^{\mathrm{T}} Y_1$ to obtain parameters $b_1, b_2, \cdots b_n, u$.

4 Substitute $b_1, b_2, \cdots b_n$, u into Eq. (6-16) to get simulation value of $\hat{X}^{(0)}$.

5 Compute MAPE.

6 for $\Delta t_i \neq const$ do

7 　|　MAPE＝fitness$(X^{(0)})$

8 end

9 if MAPE$\neq$fitness$(X^{(0)})$ then

10 　|　for $\omega(k) \geqslant 0, \omega(n) \neq 0$ do

11 　|　　|　Substitute the original series $X^{(0)}$ into Eq. (6-3) and Eq. (6-4) to get $X^{(1)}$

12 　|　　|　Repeat step 1-7

13 　|　end

14 end

15 Compute the simulation(prediction) value and MAPE, RMSPE, MAE, MSE and STD.

6.3 非等间隔岩体强度参数灰色预测模型的有效性验证

本小节将 ND-GMC$(1,n)$ 和三种常用的非等间隔灰色预测模型 NE-MGM$(1,n)$,NE-Verhulst 和 NE-GM$(1,1)$ 对材料的抗拉强度进行预测对比,以验证新模型的有效性。为了评价模型的预测效果,采用 $MAPE$、$RMSPE$、MAE、MSE 和 STD 这五个评价准则对模型的拟合/预测效果进行评价:

$$MAPE = \frac{1}{r} \sum_{t=t_1}^{t_r} \frac{\mid \hat{X}^{(0)}(t) - X^{(0)}(t) \mid}{X^{(0)}(t)} \times 100\%,$$

$$RMSPE = \sqrt{\frac{1}{r} \sum_{t=t_1}^{t_r} [\hat{X}^{(0)}(t) - X^{(0)}(t)]^2 \times 100\%},$$

$$STD = \sqrt{\frac{1}{r} \sum_{t=t_1}^{t_r} \left(\frac{\mid \hat{X}^{(0)}(t) - X^{(0)}(t) \mid}{X^{(0)}(t)} - MAPE \right)^2},$$

$$MAE = \frac{1}{r} \sum_{t=t_1}^{t_r} \mid \hat{X}^{(0)}(t) - X^{(0)}(t) \mid, \tag{6-17}$$

$$MSE = \frac{1}{r} \sum_{t=t_1}^{t_r} [\hat{X}^{(0)}(t) - X^{(0)}(t)]^2 。 \tag{6-18}$$

6.3.1 验证案例:抗拉强度预测

力学试验中,测试材料的抗拉强度比测试布氏硬度(HB)要困难得多。布氏硬度是以一定大小的试验载荷,将一定直径的淬硬钢球或硬质合金球压入被测金属表面,保持规定时间,然后卸荷,测量被测表面压痕直径。表 6-1 中的布氏硬度数据是用一个 10 mm 的硬质合金球在 29420 N 的载荷下进行 10 s 布氏硬度试验得到的,原始数据来源于 Tien[①]。根据布氏硬度的非等间隔特性,将其视为非等间隔观测值(t_k,HBW)。由于抗拉强度是要预测的对象,作为输出序列[$X_1(t_k)$,MPa];抗拉强度受温度的影响,因此温度作为输入序列[$X_2(t_k)$,℉]。将布氏硬度从 514(HBW) 到 352(HBW) 的数据用于建模,293(HBW) 到

---

① TIEN T L. A research on the grey prediction model GM(1,n)[J]. Applied Mathematics and Computation,2012,218(9):4903-4916.

187(HBW) 的数据用于预测。如表 6-1 所示,原始试验数据共有 10 组观察结果,我们将其中的前 5 组数据用于建立 ND-GMC$(1,n)$ 模型,后 5 组数据用来预测。

表 6-1　热处理后材料的布氏硬度、抗拉强度和温度的试验数据

布氏硬度(HBW)	抗拉强度(MPa)	温度(℉)
514	897	400
495	897	500
444	890	600
401	876	700
352	848	800
293	814	900
269	779	1000
235	738	1100
201	669	1200
187	600	1300

由定理 6.2.1 计算出 ND-GMC$(1,n)$ 模型的参数值分别为:$b_1 = 0.0012$,$b_2 = 0.0022$,$\mu = 896.8220$,则其白化方程为

$$\frac{\mathrm{d}X_1^{(1)}(t_k)}{\mathrm{d}t_k} + 0.0012X_1^{(1)}(t_k) = 0.0022X_2^{(1)}(t_k) + 896.8220。$$

由此建立了 ND-GMC(1, 2)模型。此时,可根据该模型计算抗拉强度的拟合/预测值。

6.3.2　模型比较

由上一小节的 ND-GMC$(1,n)$ 模型公式计算出的抗拉强度的拟合/预测值如表 6-2 所示。另外,NE-MGM$(1,n)$、NE-Verhulst 和 NE-GM(1,1)三种模型的预测结果也列于该表。

表 6-2 共列出四种非等间隔灰色预测模型的拟合/预测评价指标值,效果最好的指标值用黑体字加粗表示。在表 6-2 中,ND-GMC$(1,n)$ 模型无论是拟合或是预测结果,其 *MAPE* 值在四种模型中都是最小的,拟合 *MAPE* 值只有

0.05%,预测 $MAPE$ 值只有 2.11%,说明该模型预测精度最高,效果最好。NE-GM(1,1)和 Verhulst 模型的拟合 $MAPE$ 值分别是 0.40% 和 3.37%,说明这两个模型有较好的拟合效果,但其预测 $MAPE$ 值却高达 13.50% 和 28.53%,均超过了 10%,说明这两个模型的预测效果很差,存在过拟合现象。ND-GMC(1,n)模型拟合/预测的 $RMSPE$、MSE 和 MAE 值也最小,说明模型的预测值与原始值的偏差率和差异最小。STD 值反映了数据的离散程度,ND-GMC(1,n)模型的预测 STD 值为 0.01,也是四种模型中最小的。

表 6-2　四种模型抗拉强度的拟合/预测评价指标值

指标	ND-GMC(1,2)	NE-MGM(1,2)	NE-GM(1,1)	NE-Verhulst
拟合				
$MAPE$	**0.05**	0.09	0.40	3.37
$RMSPE$	**54.70**	116.70	407.81	2.40E+03
MSE	**0.30**	1.36	16.63	578.20
MAE	**0.44**	0.82	3.48	15.40
STD	0.01	**0.00**	**0.00**	0.02
预测				
$MAPE$	**2.11**	3.10	13.50	28.53
$RMSPE$	**1.61E+03**	2.55E+03	1.08E+04	6.66E+04
MSE	**257.59**	652.17	1.17E+04	4.43E+05
MAE	**15.01**	20.65	89.07	2.22E+03
STD	**0.01**	0.03	0.11	16.5458

APE 可以描述拟合/预测值与真实值之间的偏差。表 6-3 给出了 ND-GMC(1,n)、NE-MGM(1,n)、NE-Verhulst 和 NE-GM(1,1)四种模型在每一个观测点的 APE 值。从该表中可以看出,ND-GMC(1,n)模型拟合/预测的 APE 值都很小,说明该模型预测效果好;而相对来说,效果最差的是 NE-Verhulst 模型,其预测 APE 值都超过了 10%,有的甚至超过了 50%。为了更清楚地表现模型之间的对比效果,我们画了四种模型的散点图和 APE 值柱状图,如图 6-1 所示。

表 6-3　四种模型抗拉强度的拟合/预测 *APE* 值

t_k	ND-GMC(1,2)	NE-MGM(1,2)	NE-GM(1,1)	NE-Verhulst
拟合				
514.00	**0.00**	**0.00**	**0.00**	**0.00**
495.00	0.04	**0.03**	0.44	1.93
444.00	**0.10**	0.26	0.28	2.74
401.00	0.08	**0.04**	0.71	4.38
352.00	**0.02**	0.13	0.56	7.82
预测				
293.00	1.47	**1.24**	2.37	12.33
269.00	2.55	**2.28**	5.07	17.37
235.00	2.56	**1.50**	9.54	23.90
201.00	**0.78**	2.12	19.09	36.67
187.00	**3.19**	8.37	31.42	52.39

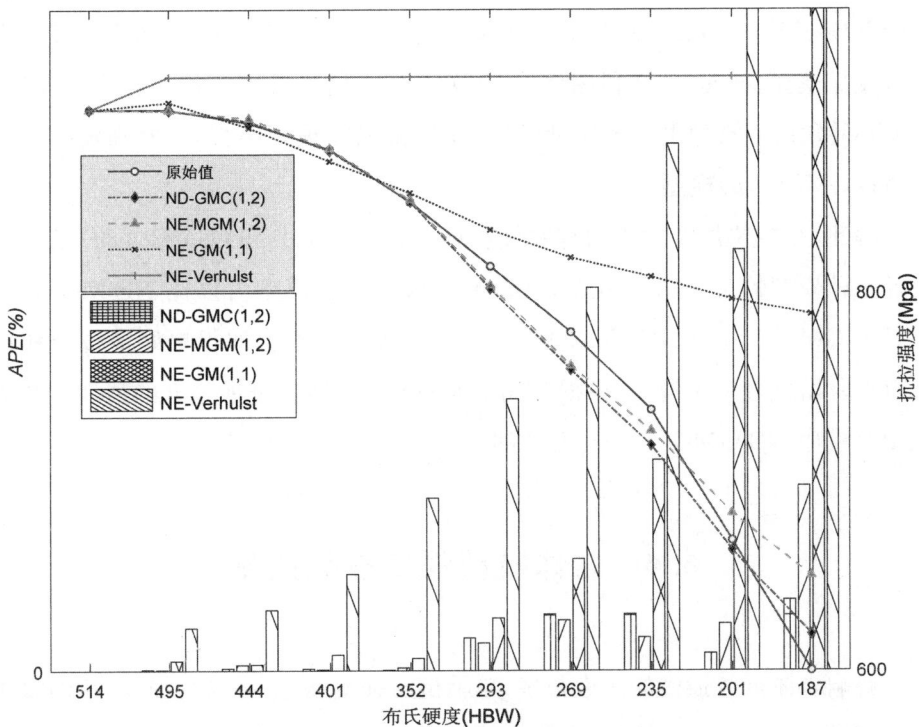

图 6-1　四种模型的抗拉强度拟合/预测效果对比图

注:ND-GMC 表示 ND-GMC(1,n)模型,NE-MGM 表示 NE-MGM(1,n)模型,NE-GM 表示 NE-GM(1,1)模型,NE-Ver 表示 NE-Verhulst 模型。

图 6-1 是 ND-GMC$(1,n)$、NE-MGM$(1,n)$、NE-Verhulst 和 NE-GM$(1,1)$模型的对比图。该图表明,与第三种模型相比,ND-GMC$(1,n)$的预测曲线几乎与原始数据重合,预测效果最好。图 6-1 下部分是 APE 值的柱状对比图,柱子越高,说明拟合/预测效果越差。从该图可以看到,ND-GMC$(1,n)$模型的 APE 值,相对于 NE-MGM$(1,n)$、NE-GM$(1,1)$和 NE-Verhulst 较小,表明新模型的效果要优于这三种模型。

在有效性验证的例子中,ND-GMC$(1,n)$模型拟合和预测 $MAPE$ 值分别为 0.05% 和 2.11%。根据 Lewis 的 $MAPE$ 准则,新模型的拟合/预测的 $MAPE$ 值均低于 3%。因此,在四个模型中,ND-GMC$(1,n)$模型的效果要优于另外三种预测模型。

NE-GM$(1,1)$ 和 NE-Verhulst 模型均有较好的拟合效果,但其预测 $MAPE$ 值均超过 10%,说明这两个模型的预测效果很差,出现了过拟合现象,表明 NE-GM$(1,1)$和 NE-Verhulst 模型的结构不稳定。同时,这两个模型都是单变量模型,未能充分利用多个参数的有效信息,所以预测结果不理想。ND-MGM$(1,n)$模型也是多变量模型,在抗拉强度预测中拟合/预测效果仅次于 ND-GMC$(1,n)$模型。

因此,在抗拉强度预测的有效性验证实例中,通过 ND-GMC$(1,n)$模型与另外三种模型的对比结果可以看出,本章提出的新模型可以比 NE-MGM$(1,n)$、NE-GM$(1,1)$和 NE-Verhulst 这三种非等间隔模型取得更好地拟合和预测效果。由此进一步说明,根据布氏硬度的非等间隔特征所建立的强度参数灰色预测模型 ND-GMC$(1,n)$是有效的。

6.4 岩体抗剪强度参数预测

影响岩体抗剪强度的因素很多,单轴抗压强度、岩石本身的强度、结构面状态、节理发育程度、内摩擦角、内聚力等都对岩体的抗剪强度有很大的影响。首先,岩石单轴抗压强度反映了岩石的坚硬程度,单轴抗压强度越高,岩石越坚硬,因而岩体单轴抗压强度在一定程度上影响岩体抗剪强度的大小。但单轴抗压强度在工程试验过程中,其参数的变化具有非等间隔的特征。其次,岩体的内摩擦角能反映岩体内部各颗粒之间内摩擦力的大小,内摩擦角愈大,岩体的抗剪强度愈高。最后,岩体的内聚力是在同种物质内部相邻各部分之间的相互吸引力。岩体的内聚力和内摩擦角是确定岩体抗剪强度的两个重要指标,可以根据这两个参数,应用摩尔-库仑强度理论来研究岩体的抗剪强度。

因此,岩体抗剪强度内聚力及内摩擦角的预测问题需考虑单轴抗压强度、节理发育程度等多个相关力学参数的影响,并且建立多变量预测模型还需要考虑参数的变化具有非等间隔的特征。在各种预测方法中,灰色模型已经证明了其预测的有效性,能够更好地解决岩体抗剪强度参数同时具有的多变量及非等间隔特性的预测问题。

在本节中,为了描述新模型的预测效果,我们将 ND-GMC$(1,n)$ 模型与 NE-MGM$(1,n)$、NE-Verhulst、NE-GM$(1,1)$、ANN、SVR、ARIMA 和 EXP 这七种模型作比较。本节也采用了本章第 6.3 节中的五个评价标准,即 $MAPE$、$RMSPE$、MAE、MSE 和 STD 来评价模型的拟合/预测效果。

6.4.1　数据的选取

本节以陕西省某水库坝基的白云质灰岩岩体为研究对象,对平硐内岩体进行了岩体原位直剪试验,试验数据列于表 6-4(数据来源于文献①)。相关性研究分析表明,单轴抗压强度、节理密度等力学参数对岩体抗剪断强度的内聚力和内摩擦角均有较大影响。因此,根据单轴抗压强度的非等间隔特性,将其视为非等间隔观测值(t_k,MPa);内聚力和内摩擦角是系统行为序列,它们互为输入/输出序列($\boldsymbol{X}_1^{(0)}$,MPa/$\boldsymbol{X}_2^{(0)}$,°);节理密度是相关因素序列,作为输入序列($\boldsymbol{X}_3^{(0)}$,条·m^{-1}),然后分别建立非等间隔多变量岩体抗剪强度参数内聚力/内摩擦角的灰色预测模型,为水库大坝建设提供合理准确的岩体抗剪强度参数建议值。

如表 6-4 所示,试验原始数据共有 10 组,其中前 6 组数据用于建立 ND-GMC$(1,n)$ 模型,后 4 组数据用于预测。

---

① 边毓. 陕西某水库坝基岩体质量评价及抗剪强度参数预测研究[D]. 西安:西安科技大学,2019.

表 6-4　岩体抗剪强度指标的原始数据

单轴抗压强度/MPa	内聚力/MPa	内摩擦角/°	节理密度/(条·m⁻¹)
46.00	0.95	44.30	2.80
92.00	1.00	44.90	2.30
40.00	0.90	46.40	3.10
48.00	0.90	45.00	3.40
56.00	0.95	44.60	2.90
91.00	1.20	47.73	2.20
100.00	1.50	51.6	2.13
96.00	1.50	46.5	2.10
93.00	1.50	49.3	2.40
86.00	1.40	49.8	2.60

6.4.2　建立 ND-GMC$(1, n)$模型

根据定理 6.2.3,新模型的灰色参数值可通过软件 MATLAB 计算出来。

当内聚力作为输出序列 $\mathbf{X}_1^{(0)}$ 时,内摩擦角和节理密度分别作为输入序列 $\mathbf{X}_2^{(0)}$ 和 $\mathbf{X}_3^{(0)}$。由定理 6.2.1 计算出新模型的参数辨识结果分别为:$b_1 = -0.1045, b_2 = -0.0035, b_3 = 0.0232, \mu = 0.9588$。此时内聚力 ND-GMC$(1, 3)$模型的白化方程为

$$\frac{\mathrm{d}X_1^{(1)}(t_k)D}{\mathrm{d}t_k} - 0.1045 X_1^{(1)}(t_k)D = -0.0035 X_2^{(1)}(t_k) + 0.0232 X_3^{(1)}(t_k) + 0.9588。$$

当内摩擦角作为输出序列 $\mathbf{X}_1^{(0)}$ 时,内聚力和节理密度分别作为输入序列 $\mathbf{X}_2^{(0)}$ 和 $\mathbf{X}_3^{(0)}$。其参数辨识结果分别为:$b_1 = -0.0209, b_2 = -0.3651, b_3 = 0.1872, \mu = 41.4315$。则内摩擦角 ND-GMC$(1, 3)$模型的白化方程为

$$\frac{\mathrm{d}X_1^{(1)}(t_k)D}{\mathrm{d}t} - 0.0209 X_1^{(1)}(t_k)D = -0.3651 X_2^{(1)}(t_k) + 0.1872 X_3^{(1)}(t_k) + 41.4315。$$

6.4.3　模型比较

根据上一小节内聚力和内摩擦角模型的白化方程,由定理 6.2.3,即可求

出两个模型的时间响应式。ND-GMC$(1,n)$、NE-MGM$(1,n)$、NE-Verhulst、NE-GM$(1,1)$、ANN、SVR、ARIMA 和 EXP 模型的计算结果及分析对比如下。

（1）内聚力预测

由内聚力 ND-GMC$(1,n)$ 模型计算出预测结果，并与 NE-MGM$(1,n)$、NE-Verhulst、NE-GM$(1,1)$、ANN、SVR、ARIMA 和 EXP 模型进行对比，结果分别列于表 6-5。

表 6-5　八种模型的内聚力拟合/预测 $APE(\%)$ 值

ND-GMC	NE-GM	NE-MGM	NE-Ver	ARIMA	SVR	ANN	EXP
拟合							
0	**0**	**0**	**0**	48.01	2.70	6.83	3.10
0.74	1.53	7.94	43.63	2.25	2.57	8.74	9.49
0.36	10.36	18.20	43.77	14.31	2.85	4.45	0.01
4.69	7.72	5.81	92.21	10.51	**0.80**	7.58	3.06
5.60	6.92	6.29	85.62	3.34	2.69	5.02	**0.62**
0.80	12.56	8.33	44.08	17.43	7.95	5.56	9.10
预测							
2.95	17.15	25.98	24.36	29.06	26.36	23.74	4.77
0.38	15.53	26.55	26.93	31.07	23.25	23.58	25.90
8.03	17.81	25.70	22.69	31.52	24.06	23.38	26.73
11.16	15.31	19.70	17.71	26.74	22.20	17.79	23.54

注：ND-GMC 表示 ND-GMC$(1,n)$ 模型，NE-MGM 表示 NE-MGM$(1,n)$ 模型，NE-GM 表示 NE-GM$(1,1)$ 模型，NE-Ver 表示 NE-Verhulst 模型。

图 6-2 为 ND-GMC$(1,n)$、NE-MGM$(1,n)$、NE-Verhulst、NE-GM$(1,1)$、ANN、SVR、ARIMA 和 EXP 八种预测方法内聚力的真实数据与模型值的对比。其左上侧为 APE 柱状图及模型值的散点图，底部及右侧为八种模型的线性回归曲线图。从图 6-2 的散点图中可以看到，拟合/预测数据偏离原始数据最小的是 ND-GMC$(1,n)$ 模型；而与原始数据偏离最大的是 EXP 模型，其次是

NE-Verhulst 模型。从该图的线性回归的八个小图中可以清楚地看到,ND-GMC$(1,n)$模型的相关性最大,EXP 模型的相关性最小。

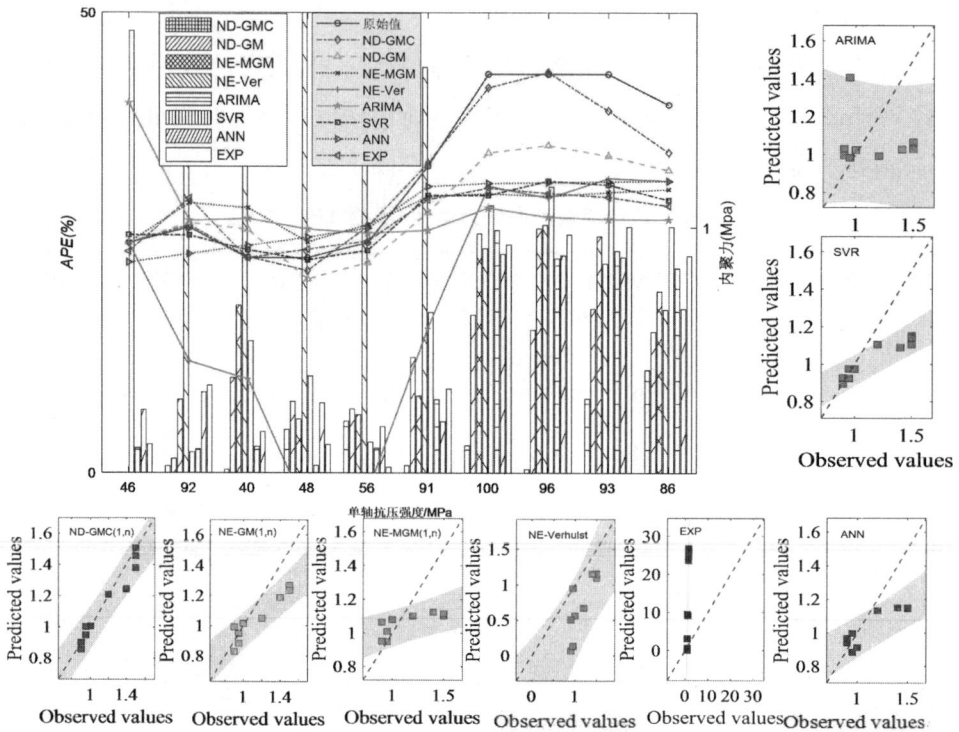

图 6-2　八种模型的内聚力拟合/预测效果对比图

注:ND-GMC 表示 ND-GMC$(1,n)$模型,NE-MGM 表示 NE-MGM$(1,n)$模型,NE-GM 表示 NE-GM$(1,1)$模型,NE-Ver 表示 NE-Verhulst 模型。

ND-GMC$(1,n)$、NE-MGM$(1,n)$、NE-Verhulst、NE-GM$(1,1)$、ANN、SVR、ARIMA 和 EXP 八种模型内聚力拟合/预测的评价指标的对比结果如表 6-6 所示。

从表 6-6 中可以看出,八个模型中拟合 $MAPE$ 值最小的是 ND-GMC$(1,n)$ 模型,只有 2.03%,也就是说,ND-GMC$(1,n)$模型的拟合效果最佳。同时,该模型的预测 $MAPE$ 值也最小。并且 ND-GMC$(1,n)$的拟合/预测 $RMSPE$、MSE 和 MAE 值也都是最小的,说明该模型的预测值与原始值的偏差率及差异都最小。STD 值反映的是数据的分散程度,ND-GMC$(1,n)$在该指标上虽然不是最小,但是差别也不明显。

表 6-6 八种模型的内聚力拟合/预测评价指标结果

指标	ND-GMC	NE-GM	NE-MGM	NE-Ver	ARIMA	SVM	ANN	EXP
拟合								
MAPE	**2.03**	6.51	7.76	51.55	15.97	3.26	6.36	4.23
RMSPE	**2.82**	8.24	9.08	57.38	21.56	4.43	6.43	6.14
MSE	**0.00**	0.01	0.01	0.33	0.05	**0.00**	**0.00**	**0.00**
MAE	**0.02**	0.07	0.08	0.50	0.16	0.03	0.06	0.04
STD	2.23	4.48	5.41	30.69	15.32	**2.21**	1.50	3.76
预测								
MAPE	**5.63**	16.45	24.48	22.92	29.60	23.97	22.12	25.23
RMSPE	**10.11**	24.38	36.58	34.42	43.90	35.52	33.05	37.36
MSE	**0.01**	0.06	0.13	0.12	0.19	0.13	0.11	0.14
MAE	**0.08**	0.24	0.36	0.34	0.44	0.35	0.33	0.37
STD	4.22	**1.06**	2.78	3.37	1.89	1.53	2.50	1.20

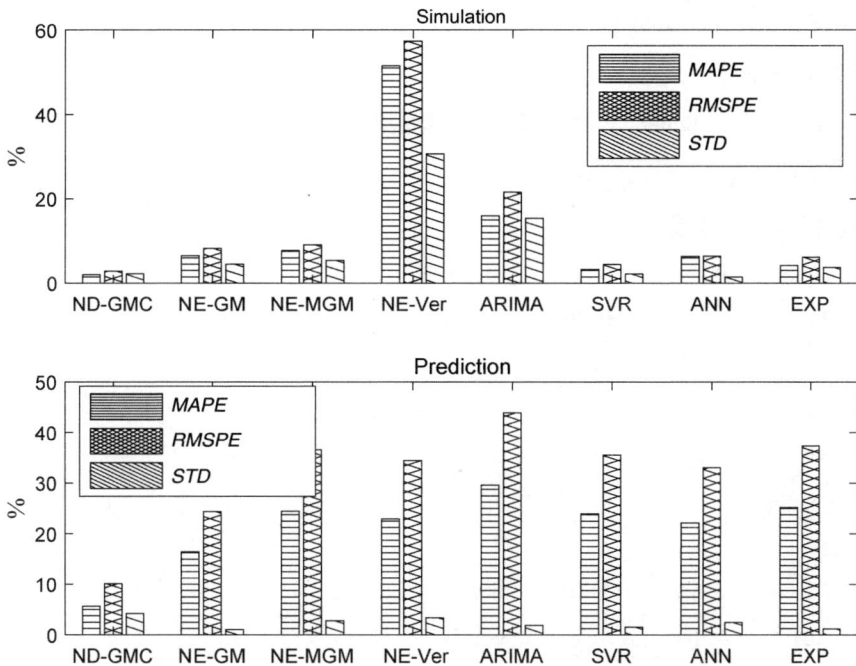

图 6-3 八种模型的 *MAPE*、*RMSPE* 及 *STD* 值的柱状图

注:ND-GMC 表示 ND-GMC(1,n)模型,NE-MGM 表示 NE-MGM(1,n)模型,NE-GM 表示 NE-GM(1,1)模型,NE-Ver 表示 NE-Verhulst 模型。

图 6-3 更直观地给出了 ND-GMC$(1,n)$、NE-MGM$(1,n)$、NE-Verhulst、NE-GM$(1,1)$、ANN、SVR、ARIMA 和 EXP 模型的拟合和预测 *MAPE*、*RMSPE* 及 *STD* 指标的柱状图。从该图可以看到,代表 ND-GMC$(1,n)$模型的柱子相对于另外七种模型来说更短一些,意味着该模型的拟合/预测效果更好。

在内聚力的预测中,ND-GMC$(1,n)$模型的拟合和预测效果都优于另外七种模型。同时,以上对比结果表明,线性回归模型(ARIMA 和 EXP)与人工智能方法(ANN 和 SVR)的拟合和预测效果没有明显差异,都较差;另外三个灰色模型[NE-MGM$(1,n)$、NE-GM$(1,1)$和 NE-Verhulst]比这两类模型的效果稍有提高。

(2)内摩擦角

由内摩擦角 ND-GMC$(1,n)$模型计算出预测结果,并与 NE-MGM$(1,n)$、NE-Verhulst、NE-GM$(1,1)$、ANN、SVR、ARIMA 和 EXP 模型进行对比,结果分别列于表 6-7。

表 6-7 八种模型的内摩擦角拟合/预测 *APE*(%)值

ND-GMC	NE-GM	NE-MGM	NE-Ver	ARIMA	SVR	ANN	EXP
拟合							
0.00	**0.00**	**0.00**	**0.00**	12.58	0.54	0.15	1.88
0.39	3.27	**0.20**	74.56	2.71	0.53	0.39	2.69
0.15	0.51	0.22	77.68	1.06	1.68	2.81	3.00
0.52	0.75	0.48	94.87	2.27	0.53	1.03	**0.39**
0.66	1.34	0.61	91.83	2.89	**0.53**	2.78	1.66
0.23	2.21	**0.15**	72.30	4.19	8.93	2.94	3.44
预测							
1.55	6.54	**1.40**	35.67	10.92	15.76	10.19	10.31
10.14	4.10	10.57	21.64	**1.16**	5.91	0.47	0.66
3.93	**2.32**	4.05	35.39	6.78	10.46	6.26	6.43
2.41	4.02	2.58	48.11	7.71	10.89	7.35	7.67

注:ND-GMC 表示 ND-GMC$(1,n)$模型,NE-MGM 表示 NE-MGM$(1,n)$模型,NE-GM 表示 NE-GM$(1,1)$模型,NE-Ver 表示 NE-Verhulst 模型。

　　从表 6-7 中可以看到，ND-GMC$(1, n)$ 模型拟合效果与 NE-MGM$(1, n)$ 模型相差不大，预测 *APE* 值都较低，说明新模型的预测效果较好；而相对来说，预测效果最差的是 NE-Verhulst 模型，其 *APE* 值基本上都超过了 50%，有的甚至超过了 90%，效果非常差。从表 6-7 中可以看到，NE Verhulst 模型的拟合/预测结果与另外七种模型相差非常大，因此，为了更清楚地描述几种模型的对比效果，我们仅给出了其他七种模型的对比图，如图 6-4 所示。

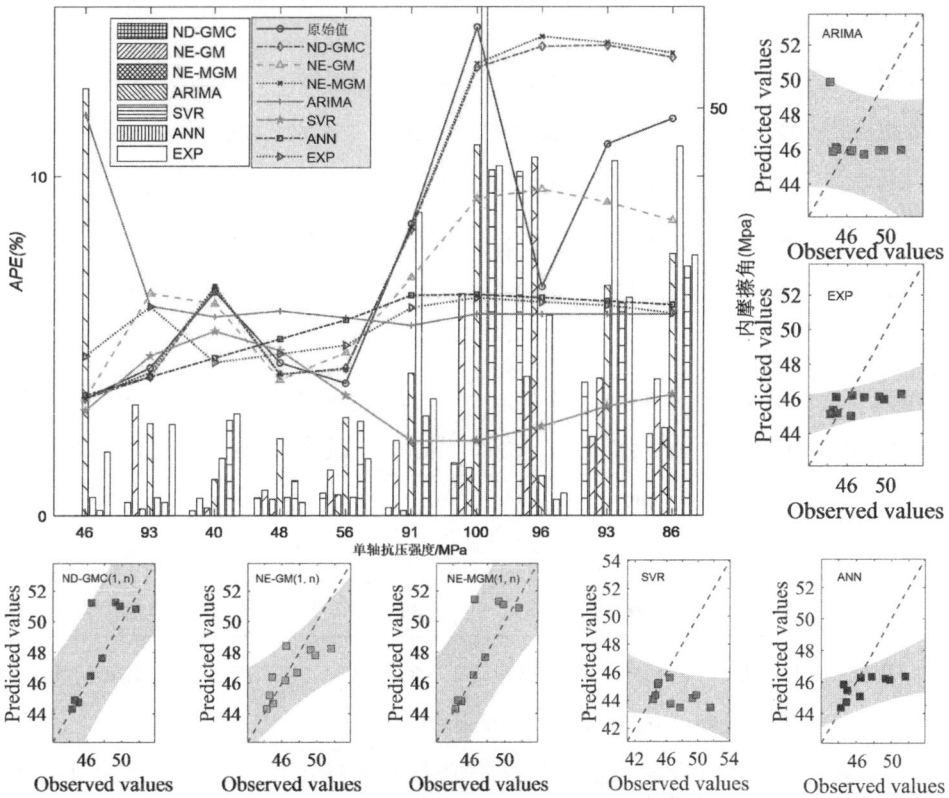

图 6-4　七种模型的内摩擦角拟合/预测效果对比图

　　注：ND-GMC 表示 ND-GMC$(1, n)$ 模型，NE-MGM 表示 NE-MGM$(1, n)$ 模型，NE-GM 表示 NE-GM$(1, 1)$ 模型，NE-Ver 表示 NE-Verhulst 模型。

　　从图 6-4 的散点图可以看到，ND-GMC$(1, n)$ 与 NE-MGM$(1, n)$ 模型的预测与原始曲线走势一致，且两个模型的曲线几乎重合，说明两者预测效果都最好。其余几种模型的预测曲线与原始曲线都有不同程度的分离，预测效果可以接受。从底部及右侧八种模型的线性回归曲线图中可以清楚地看到，ND-

GMC$(1,n)$与 NE-MGM$(1,n)$模型的相关性最大。

ND-GMC$(1,n)$、NE-MGM$(1,n)$、NE-Verhulst、NE-GM$(1,1)$、ANN、SVR、ARIMA 和 EXP 这八种模型的内摩擦角拟合/预测的评价指标的对比结果分别列于表 6-8。

表 6-8 八种模型的内摩擦角拟合/预测评价指标结果

指标	ND-GMC	NE-GM	NE-MGM	NE-Ver	ARIMA	SVR	ANN	EXP
拟合								
MAPE	0.32	1.35	**0.28**	68.54	4.29	2.12	1.68	2.18
RMSPE	**17.74**	79.51	15.43	3440	256.62	177.96	95.32	110.88
MSE	0.03	0.63	**0.02**	1190	6.59	3.17	0.91	1.23
MAE	**0.15**	0.62	0.12	31.28	1.93	1.00	0.78	1.00
STD	0.22	1.10	**0.20**	31.8	3.82	3.07	1.19	1.01
预测								
MAPE	4.51	**4.25**	4.65	35.2	6.64	10.75	6.07	6.27
RMSPE	264.91	**225.52**	275.3	1820	380.72	569.33	355.62	364.18
MSE	7.02	**5.09**	7.58	329.58	14.49	32.41	12.65	13.26
MAE	2.16	**2.11**	2.23	17.47	3.34	5.36	3.05	3.15
STD	3.37	**1.50**	3.54	9.36	3.52	3.49	3.53	3.53

注:ND-GMC 表示 ND-GMC$(1,n)$模型,NE-MGM 表示 NE-MGM$(1,n)$模型,NE-GM 表示 NE-GM$(1,1)$模型,NE-Ver 表示 NE-Verhulst 模型。

从表 6-8 中可以看出,这些模型的拟合 *RMSPE* 和 *MAE* 值中最小的是 ND-GMC$(1,n)$模型,也就是说,该模型的拟合值与原始值的偏差率及差异都最小。新模型的拟合及预测 *MAPE* 值是这些模型中第二低的,它与拟合效果最好的 NE-MGM$(1,n)$模型只相差 0.04%,与预测效果最好的 NE-GM$(1,1)$模型的 *MAPE* 值非常接近,差异也只有 0.26%。很明显,在表 6-8 中,拟合和预测效果最差的是 NE-Verhulst 模型,其拟合及预测 *MAPE* 值都超过了35%,因此,图 6-5 的柱状图只比较了另外七种模型。八种模型的 *STD* 值都相差不大,说明这些模型的预测数据的分散程度差别不明显。

表 6-8 中的 $RMSPE$ 值相对 $MAPE$ 和 STD 值都较大,为了更清楚地显示这几个评价指标的效果,图 6-5 的柱状图只有 $MAPE$ 和 STD 两个评价指标。从该图可以看到,代表 ND-GMC$(1,n)$ 模型的柱子相对于另外六种模型来说更短一些,意味着该模型的拟合/预测效果更好。

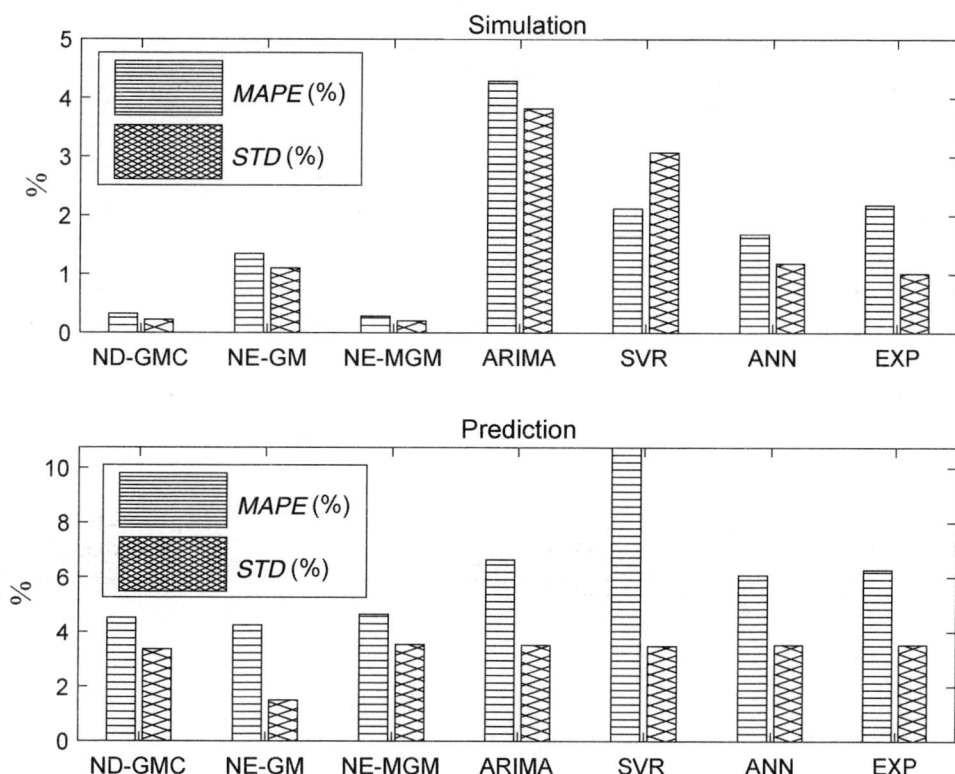

图 6-5　七种模型的 **MAPE** 及 **STD** 值的柱状图

6.4.4　结果分析

根据上一小节的预测结果,岩体抗剪强度参数内聚力和内摩擦角原始数据及预测结果归纳于表 6-9。从该表中可以看到,新模型岩体抗剪强度参数预测值与试验值结果较接近,误差较小。

图 6-6 是 ND-GMC$(1,n)$ 模型的拟合/预测结果与原始数据的折线图。在该图中,新模型的拟合和预测曲线与原始曲线走势基本保持一致,在拟合阶段几乎与之重合,只在预测的最后有少量偏差。说明 ND-GMC$(1,n)$ 模型的预测

结果比较准确、可靠。

表 6-9　岩体抗剪强度参数的原始数据与拟合/预测值

单轴抗压强度/MPa	岩体抗剪强度参数（原始值）		岩体抗剪强度参数（预测值）	
	内聚力 $X^{(0)}$/MPa	内摩擦角 $X^{(0)}$/°	内聚力 $\hat{X}^{(0)}$/MPa	内摩擦角 $\hat{X}^{(0)}$/°
拟合				
46.00	0.95	44.30	0.95	44.30
92.00	1.00	44.90	1.01	44.73
40.00	0.90	46.40	0.90	46.47
48.00	0.90	45.00	0.86	44.77
56.00	0.95	44.60	1.00	44.89
91.00	1.20	47.73	1.21	47.62
预测				
100.00	1.50	51.60	1.46	50.80
96.00	1.50	46.50	1.51	51.22
93.00	1.50	49.30	1.38	51.24
86.00	1.40	49.80	1.24	51.00

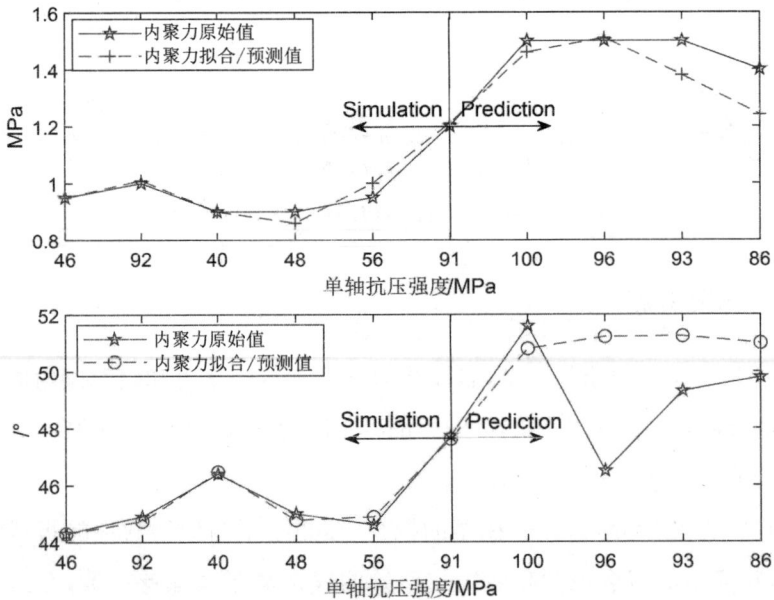

图 6-6　抗剪强度参数原始值与拟合/预测值

通过对岩体抗剪强度参数预测的研究,灰色预测模型[ND-GMC$(1,n)$、NE-MGM$(1,n)$、NE-GM(1,1)和 NE-Verhulst]、人工智能模型(ANN 和 SVR)和线性回归模型(ARIMA 和 EXP)的表现各有不同。在该应用中,线性回归模型与人工智能方法的效果都不太理想,这是因为这两类模型都需要有大量数据的支持才能体现其优越性,而基于岩体的力学试验所获得的数据量都属于小数据信息,所以这两类方法的预测精度不高。由于岩体力学试验得到的数据不具有饱和的 S 型,也不具有指数增长的特性,因此灰色模型中另外三个模型[NE-MGM$(1,n)$、NE-GM(1,1)和 NE-Verhulst]对岩体抗剪强度参数拟合和预测效果都不太理想。NE-Verhulst 模型存在固有的误差,所以预测效果很差,故该模型具有一定的局限性。

综上可知,在岩体抗剪强度参数预测的应用中,从 ND-GMC$(1,n)$模型与另外七种模型的对比结果可以看出,新模型有更好的拟合/预测效果。结果表明,根据单轴抗压强度的非等间隔特征及内摩擦角/内聚力和节理密度所建立的岩体抗剪强度参数的多变量灰色预测模型对强度参数的预测分析,可以对岩体在单轴抗压强度非等间隔状态下的塑性区发展做出估计。同时,基于新模型对内摩擦角/内聚力的预测结果,可以看出 ND-GMC$(1,n)$模型是一种灰色预测模型,适用于具有试验样本信息量小、非等间隔及离散性特征的多变量岩体强度参数预测。

6.5 小结

岩体抗剪强度是岩体力学参数中非常重要的一类参数,它是确定岩土工程稳定性的主要因素之一。因此,对岩体抗剪强度参数进行合理准确的预测,直接影响岩体自身承载能力、加固和支护的工程安全及工程费用,具有重要的理论和现实意义。本章的目的是基于岩体力学参数的非等间隔、多变量及试验数据量小的特点,建立一个新的岩体强度参数灰色预测模型。主要贡献如下:

(1)针对单轴抗压强度参数的非等间隔特性及强度参数的多元性,结合灰色多变量模型,建立了一种新型的岩体抗剪强度非等间隔多变量派生型灰色预测模型 ND-GMC$(1,n)$，并讨论了新模型的参数识别、时间响应式等性质；

（2）通过抗拉强度的预测验证了模型的有效性，根据灰岩岩体的原位直剪试验，基于 ND-GMC$(1,n)$ 模型讨论了抗剪强度参数内聚力和内摩擦角的预测；

（3）岩体抗剪强度参数预测研究表明，ND-GMC$(1,n)$模型有效地克服了由于岩体的非均质、各向异性和诸多不确定因素所带来的强度参数的取值困难，相对于其他非等间隔灰色模型［NE-MGM$(1,n)$、NE-GM$(1,1)$ 和 NE-Verhulst］、人工智能模型（ANN 和 SVM）和线性回归模型（ARIMA 和 EXP）来说，新模型更适用于岩体抗剪强度参数的预测。

如上所述，本章所提出的 ND-GMC$(1,n)$ 模型比目前岩体抗剪强度参数预测中普遍使用的人工智能模型和线性回归模型的预测效果更好、更有效。然而，在计算新模型的时间响应式的过程中，本章对新模型中的灰参数及背景值都没有优化，在未来的研究中，可以考虑将新模型推广到模型结构的改进和参数的优化上。岩体是一个复杂的非线性系统，其力学试验中参数的取值一般是根据经验划分，人为因素太大；同时本章建立的非等间隔岩体抗剪强度参数预测模型是通过试验数据的力学特性提出的，将灰色系统理论引入岩体力学理论的研究成果还不多，岩体抗剪强度参数预测模型在岩体力学中的应用范围，还需要更深入的研究。

第 7 章
非线性岩体脆性指数的灰色预测模型

　　第 5 章和第 6 章根据岩体变形参数和强度参数试验结果的等间隔和非等间隔特性，提出了多变量岩体变形参数和强度参数的灰色预测模型。然而，在常规岩体力学试验中，由于岩石的非均质性、非线性以及破裂过程等不同于一般材料，系统分析层理弱面作用下页岩地层的破裂模式、脆性参数等力学参数与岩石脆性密切相关。因此本章基于向量自回归 VAR 模型及含时间幂次项的灰色 $GM(1,1,t^a)$ 模型，针对岩体脆性指数的小样本容量以及非线性特征，建立了非线性岩体脆性指数灰色预测模型，并且根据矩阵的条件数理论讨论了新模型的稳定性，最后将其应用到页岩的脆性指数预测之中。

7.1　岩体脆性指数研究进展

　　页岩气作为重要的非常规战略能源之一，正改变着全球能源结构，也是中国未来一段时期能源开发的重点。由于页岩本身具有低孔、低渗的特征，页岩气藏必须借助人工水力压裂和水平钻井改造形成复杂的裂缝系统，增加页岩气渗流通道，才能实现大规模开采，形成商业产能。脆性指数是影响页岩气储层岩石可压裂性及产能的关键地质力学参数。因此，准确预测页岩脆性指数对页岩气产量的提高和勘探技术的开发都具有重要意义。

　　目前，在石油工程中，传统的页岩脆性指数预测一般可以通过 X 射线衍射试验从矿物含量中计算。研究人员发现根据富有机质页岩的岩石物理模型，可建立矿物弹性参数脆性因子的岩石物理模板,并从测井资料中寻找高质量脆性页岩的弹性参数特征。Mo 等研究了页岩总有机碳含量与脆性指数的关系,提出了一种用归一化概率最脆性岩型和总有机碳归一化的算术平均值计算页岩前瞻性指数(SPI)的方法[①]。Kim 等提出了一种利用元素俘获光谱(ECS)测井和弹性测井资料,对矿物脆性指数进行预测。同时,页岩脆性指数预测也可以通过三轴试验和测井得到岩石力学参数来预测[②]。Li 等基于矿物成分的弹性岩石脆性指数法,建立了一种适合复杂结构应力环境的多参数页岩脆性指数定量预测方法[③]。然后有学者提出了一种新的基于单轴抗压强度和抗拉强度算术平均值的脆性指标,并从回归分析的角度验证了两者之间具有良好的相关性。Kivi 等基于岩石在压缩作用下的完全应力-应变行为的能量转换分析,提出了一种新的脆性评价方法[④]。

然而,以上脆性指数预测大多数都是针对特定岩石类型的经验方程,属于定性分析,在准确定量预测方面具有一定的局限性。并且上述基于矿物成分分析的脆性指数预测方法,没有考虑岩体的非均质性、非线性和破裂过程不同于一般材料,亦没有考虑试验样品无法保证层理密度及层理面强度的一致性。因此,本章根据页岩脆性指数在不同的层理面下具有的非线性特性,基于 VAR 模型及 $GM(1,1,t^a)$ 模型,提出了非线性岩体脆性指数的灰色预测模型,并讨论了页岩的脆性指数预测问题。

① MO C H, LEE G H, JEOUNG T J, et al. Prediction of shale prospectivity from seismically-derived reservoir and completion qualities: Application to a shale-gas field, Horn River Basin, Canada [J]. Journal of Applied Geophysics, 2018(151):11-22.

② ②KIM T, HWANG S, JANG S. Petrophysical approach for S-wave velocity prediction based on brittleness index and total organic carbon of shale gas reservoir: A case study from Horn River Basin, Canada[J]. Journal of Applied Geophysics, 2017(136):513-520.

③ LI J, LI W. A quantitative seismic prediction technique for the brittleness index of shale in the Jiaoshiba Block, Fuling shale gas field in the Sichuan Basin[J]. Natural Gas Industry B, 2018(5):1-7.

④ KIVI I R, AMERI M, MOLLADAVOODI H. Shale brittleness evaluation based on energy balance analysis of stress-strain curves[J]. Journal of Petroleum Science and Engineering, 2018(167):1-19.

7.2　非线性岩体脆性指数灰色预测模型

本节首先简单介绍了 VAR 模型及 GM(1,1, t^a) 模型,并阐述了非线性岩体脆性指数灰色预测模型的建模机理,然后给出了新模型的定义及相关性质,其详情如下。

7.2.1　VAR 模型

由于页岩脆性指数与时间 t 之间存在着超前滞后关系,可以考虑用向量自回归(VAR)模型考察它们之间的关系。VAR 模型是用模型中所有当期变量对所有变量的若干滞后变量进行回归,用来估计联合内生变量的动态关系,而不带有任何事先约束条件的一种常用的计量经济模型。该模型最早是在 20 世纪 90 年代由克里斯托弗·西姆斯(Christopher Sims)基于数据的统计性质提出来。VAR 模型把系统中每一个内生变量作为系统中所有内生变量的滞后值的函数来构造模型,从而将单变量自回归模型推广到由多元时间序列变量组成的向量自回归模型。

VAR 模型基于数据的统计性质建立模型,不需要经济理论作为基础。VAR 模型的结构与两个参数有关:一个是所含变量个数,一个是最大滞后阶数。VAR 模型描述,在同一样本期间内的 n 个变量(内生变量)可以作为它们过去值的线性函数,

$$\boldsymbol{y}_t = \boldsymbol{c} + \boldsymbol{A}_1 \boldsymbol{y}_{t-1} + \boldsymbol{A}_2 \boldsymbol{y}_{t-2} + \cdots + \boldsymbol{A}_p \boldsymbol{y}_{t-p} + \boldsymbol{e}_t,$$

其中,$\boldsymbol{c}$ 是 $n \times 1$ 常数向量,$\boldsymbol{A}_i$ 是 $n \times n$ 矩阵,$\boldsymbol{e}_t$ 是 $n \times n$ 误差向量,满足:

(1) $E(\boldsymbol{e}_t) = 0$,误差项的均值为 0;

(2) $E(\boldsymbol{e}_t \boldsymbol{e}'_t) = \Omega$,误差项的协方差矩阵为 Ω(一个 $n \times n$ 正定矩阵);

(3) $E(\boldsymbol{e}_t \boldsymbol{e}'_{t-k}) = 0$(对于所有不为 0 的 k 都满足),误差项不存在自相关。

VAR 模型中每个方程的右侧只含有内生变量的滞后项,因此可以用普通最小二乘法依次估计每一个方程,得到的参数估计量具有一致性。VAR 模型的构建涉及多个重要步骤,从单位根检验、定阶到格兰杰因果关系和脉冲响应函数,每一个步骤都对模型的准确性至关重要,其建模步骤如下。

单位根检验:在建模之前,首先需要进行单位根检验(如 ADF 检验)以判断

时间序列的平稳性。如果数据平稳（即无单位根），可以随接进入 VAR 模型的构建。如果数据具有单位根（不平稳），则需要对其进行差分处理，使其成为平稳序列。如果变量经过同阶单整后可以满足平稳条件，则继续进行协整关系分析，否则无法进行有效的 VAR 建模。

协整关系分析：当时间序列数据经过差分后，若发现变量间存在长期均衡关系（协整），则可以结合协整检验，如 Johansen 检验，来确认这些变量之间的协整向量。若无单位根或数据极为平稳，则直接进行 VAR 模型；若存在协整关系，则应考虑使用 VECM（向量误差修正模型）来处理。

滞后阶数选择：确定 VAR 模型的滞后阶数是关键的一步，可以通过信息准则如 AIC、BIC、HQ 等方法来确定。滞后阶数影响模型的动态特性，准则值越小表示模型的解释能力越好。SPSS 等工具通常可以自动给出建议的滞后阶数。

AR 特征根检验：模型构建后，必须对其稳定性进行检验，通常通过 AR 特征根检验来验证。如果特征根的模数都在单位圆内，说明模型是稳定的，参数也具有可靠性。

格兰杰因果检验：构建 VAR 模型后，可以进行格兰杰因果检验，来判断某个变量的过去值是否能够预测另一个变量的未来变化。它可以揭示变量间的动态相关性，帮助理解变量间的因果链。

脉冲响应函数：通过正交化脉冲响应分析，可以研究一个变量的冲击如何随着时间影响其他变量。这个分析对理解经济冲击的传播路径和力度十分重要。

方差分解：在 VAR 模型的后期分析中，方差分解用于了解每个变量的方差有多大比例是自己和其他变量解释的。这有助于量化不同变量之间的相互影响。

残差检验：构建模型后，还需要对残差进行自相关和正态性检验，以评估模型的拟合效果。Portmanteau 检验可以判断残差是否存在自相关，而 Jarque－Bera 检验可以检测残差的正态性。

预测分析：VAR 模型的最终目标通常是进行预测。通过模型可以对未来的多个时间点进行预测，常见的预测期数为 12 期。

通过以上步骤，研究者能够构建出具有较强解释力的 VAR 模型，并根据模型的输出进行深入的经济或金融领域的分析与预测。

在 VAR 模型中，每个被解释变量都对自身和其他被解释变量的若干期滞后值回归，其定义如下：

定义 7.2.1　设 V_t 是 $n \times 1$ 常数向量，A_j 是 $n \times n$ 矩阵，则 VAR 模型为

$$Z(t - \tau) = \sum_{j=1}^{k} A_j \cdot Z_{t-j}(t - \tau) + V_t 。 \tag{7-1}$$

然而，由于岩体的非均质性、非线性使得页岩脆性指数表现出明显的非线性特征，VAR 模型只能刻画变量之间相互影响的动态线性相关关系，所以 VAR 模型仅能描述页岩脆性指数的超前滞后效应，而页岩脆性指数中的这种非线性关系无法用 VAR 模型来描述。

7.2.2　$GM(1,1,t^\alpha)$ 模型

基于页岩脆性指数试验数据的非线性特征，以及由于物理试验数据具有跳动性、仪器误差及人为操作误差等问题，使得物理试验的可重复性较差，导致最终获得的试验数据较少，我们考虑用灰色预测模型研究岩体脆性指数问题。从传统 GM(1，1)模型

$$\frac{dX^{(1)}(k)}{dk} + aX^{(1)}(k) = b,$$

$$X^{(0)}(k) + aZ^{(1)}(k) = b$$

的建模过程可知，它是一种基于累加生成灰指数规律的最小二乘建模方式，该模型对具有齐次指数规律的数据序列有较好的拟合与预测效果，在传统 GM(1，1)模型基础上改进、演化的模型也具有这个特点。而现实生活中还有大量的系统的发展和演化规律不能简单地应用指数规律进行刻画描述。比如，很多系统的发展过程分为三个阶段：孕育阶段、匀速变化阶段、加速变化阶段，具有上述特征的系统的发展过程就不能用指数规律进行描述，需要对这类系统的内在演化规律进行分析，构建能够应用该系统本质特征的新模型。

因此，钱吴永等[①]针对传统 GM(1，1)模型及其改进模型在实际应用中的局限性，根据实际应用的需要，利用灰色建模思想构建了含时间幂次项的灰色非线性 $GM(1,1,t^\alpha)$ 模型。故 $GM(1,1,t^\alpha)$ 模型适用于具有近似非齐次指数规律的序列建模，其具体定义如下：

定义 7.2.2　假设 $\gamma^{(0)} = (\gamma^{(0)}(1), \gamma^{(0)}(2), \cdots, \gamma^{(0)}(n))^{\mathrm{T}}$ 为原始数据序列，$\gamma^{(1)}(t) = \sum_{i=1}^{t} \gamma^{(0)}(i)$ 为原始序列的累加生成序列，$Z^{(1)} =$

---

① 钱吴永，党耀国，刘思峰. 含时间幂次项的灰色 GM(1，1，t^α)模型及其应用[J]. 系统工程理论与实践，2012，32(10)：2247-2252.

$(Z^{(1)}(2),Z^{(1)}(3),\cdots,Z^{(1)}(n))^{\mathrm{T}}$ 为 $\boldsymbol{\gamma}^{(1)}$ 的紧邻均值序列,其中

$$Z^{(1)}(t)=r\gamma^{(1)}(t)+(1-r)\gamma^{(1)}(t-1)(0<r<1),$$

则

$$\gamma^{(0)}(t)+b_1 Z^{(1)}(t)=b_2 t^a+b_3(a>0) \qquad (7\text{-}2)$$

为 $\mathrm{GM}(1,1,t^a)$ 模型;

$$\frac{\mathrm{d}\gamma^{(1)}(t)}{\mathrm{d}t}+b_1\gamma^{(1)}(t)=b_2 t^a+b_3$$

为 $\mathrm{GM}(1,1,t^a)$ 模型的白化方程。

若令

$$\boldsymbol{A}=\begin{bmatrix} -Z^{(1)}(2) & 2^a & 1 \\ -Z^{(1)}(3) & 3^a & 1 \\ \vdots & \vdots & \vdots \\ -Z^{(1)}(n) & n^a & 1 \end{bmatrix}, \boldsymbol{Y}=\begin{bmatrix} \gamma^{(0)}(2) \\ \gamma^{(0)}(3) \\ \vdots \\ \gamma^{(0)}(r) \end{bmatrix},$$

则 $\mathrm{GM}(1,1,t^a)$ 模型的最小二乘估计参数满足:

$$\boldsymbol{P}=[b_1,b_2,b_3]^{\mathrm{T}}=(\boldsymbol{A}^{\mathrm{T}}\boldsymbol{A})^{-1}\boldsymbol{A}^{\mathrm{T}}\boldsymbol{Y}。$$

解 $\mathrm{GM}(1,1,t^a)$ 模型的白化微分方程,可得其时间响应式:

$$\gamma^{(0)}(t)=b_2 \mathrm{e}^{-b_1 t}\int \mathrm{e}^{b_1 t}t^{b_1}\,\mathrm{d}t+\frac{b_3}{b_1}。$$

虽然 $\mathrm{GM}(1,1,t^a)$ 模型可以刻画页岩脆性指数的非线性性,但是该模型无法描述其超前滞后效应。

7.2.3 非线性岩体脆性指数灰色预测模型建模机理

根据以上分析,我们将 VAR 模型中的超前滞后项[公式(7-3)中黑框部分]:

$$Z(t-\tau)=\boxed{\sum_{j=1}^{k}A_j \cdot Z_{t-j}(t-\tau)}+V_t, \qquad (7\text{-}3)$$

以及灰色 $\mathrm{GM}(1,1,t^a)$ 模型中的非线性项[公式(7-4)中黑框部分]

$$\gamma^{(0)}+b_1\boldsymbol{Z}^{(1)}=\boxed{b_2 t^a}+b_3 \qquad (7\text{-}4)$$

耦合在一起,建立一种新型超前滞后与非线性混合的灰色预测模型来研究页岩脆性指数的预测问题。

下面给出非线性岩体脆性指数灰色预测模型的详细定义及相关性质。

7.2.4 非线性岩体脆性指数灰预测模型定义

定义 7.2.3 假设 $\gamma^{(0)}$ 如定义 7.2.2 所示，$\gamma^{(1)}(t+\tau) = \sum_{i=1}^{t+\tau} \gamma^{(0)}(i)$ 为 $\gamma^{(0)}$ 的累加生成序列，$\boldsymbol{Z}^{(1)} = (Z^{(1)}(2+\tau), Z^{(1)}(3+\tau), \cdots, Z^{(1)}(n+\tau))^{\mathrm{T}}$ 为 $\gamma^{(1)}$ 的背景值序列，其中

$$Z^{(1)}(t+\tau) = r\gamma^{(1)}(t+\tau) + (1-r)\gamma^{(1)}(t-1+\tau)(0 < r < 1),$$

则

$$\gamma^{(0)}(t) = \alpha Z^{(1)}(t+\tau) + \beta t^{\mu}, (t = 2, 3, \cdots, n)。 \tag{7-5}$$

式(7-5)称为非线性岩体脆性指数灰色预测模型，简记为 GAPM 模型，其中 $\tau \in \{0, 1, \cdots, n\}$ 为超前因子，$\mu > 0$ 为非线性因子。

GAPM 模型白化方程为

$$\frac{\mathrm{d}\gamma^{(1)}(t)}{\mathrm{d}t} = \alpha\gamma^{(1)}(t+\tau) + \beta t^{\mu}。 \tag{7-6}$$

具体而言，新模型中的超前因子 τ 可以反映系统的超前滞后效应，时间幂项 t^{μ} 可以通过调整时间幂指数来动态描述系统序列的线性和非线性趋势。该模型克服了 VAR 模型不能处理非线性数据和 $\mathrm{GM}(1, 1, t^{\alpha})$ 无法描述超前滞后影响的不足。

相对于 $\mathrm{GM}(1, 1, t^{\alpha})$ 模型中紧邻均值序列

$$Z^{(1)}(t) = \frac{1}{2}[\gamma^{(1)}(t) + \gamma^{(1)}(t-1)],$$

我们在新模型中采用了优化背景值的方法：

$$Z^{(1)}(t) = r\gamma^{(1)}(t) + (1-r)\gamma^{(1)}(t-1)(0 < r < 1)。$$

该方法可以消除由于背景值的选取所产生的误差，使得模型的预测精度更高、更准确。

因此，GAPM 模型能更好解释具有超前滞后效应的线性或非线性系统，能更好地处理具有这两个特点的岩体脆性指数的预测问题。同时，我们发现，若式(7-6)中令 $\tau = 0, \mu = 0$，式(7-6)可转化为

$$\frac{\mathrm{d}\gamma^{(1)}(t)}{\mathrm{d}t} = \alpha\gamma^{(1)}(t) + \beta, \tag{7-7}$$

此时式(7-7)就是经典的单变量 $\mathrm{GM}(1, 1)$ 模型。由此可知，$\mathrm{GM}(1, 1)$ 就是 GAPM 模型在 $\tau = 0, \mu = 0$ 时的特殊情形。

接下来讨论 GAPM 的参数辨识、时间响应式及模型的稳定性。

7.2.5　非线性岩体脆性指数灰色预测模型性质

定理 7.2.1　设 $\boldsymbol{x} = \begin{bmatrix} \alpha \\ \beta \end{bmatrix}$，$\boldsymbol{Y} = \begin{bmatrix} \gamma^{(0)}(2) \\ \gamma^{(0)}(3) \\ \vdots \\ \gamma^{(0)}(n) \end{bmatrix}$，$\boldsymbol{A} = \begin{bmatrix} Z^{(1)}(2+\tau) & 2^{\mu} \\ Z^{(1)}(3+\tau) & 3^{\mu} \\ \vdots & \vdots \\ Z^{(1)}(n+\tau) & n^{\mu} \end{bmatrix}$，则

GAPM 的参数辨识为：

$$\boldsymbol{x} = (\boldsymbol{A}^{\mathrm{T}} \cdot \boldsymbol{A})^{-1} \cdot \boldsymbol{A}^{\mathrm{T}} \cdot \boldsymbol{Y}。$$

证明　假设误差为 $\boldsymbol{\varepsilon} = \boldsymbol{Y} - \boldsymbol{A} \cdot \boldsymbol{x}$，则

$$s = \boldsymbol{\varepsilon}^{\mathrm{T}}\boldsymbol{\varepsilon} = (\boldsymbol{Y} - \boldsymbol{A} \cdot \boldsymbol{x})^{\mathrm{T}}(\boldsymbol{Y} - \boldsymbol{A} \cdot \boldsymbol{x}) = \sum_{t=2}^{n} [\gamma^{(0)}(t) - \alpha Z^{(1)}(t+\tau) - \beta t^{\mu}]^2。$$

由最小二乘法：

$$\begin{cases} \dfrac{\partial s}{\partial \alpha} = 2\sum_{k=2}^{r} [\gamma^{(0)}(t) - \alpha Z^{(1)}(t+\tau) - \beta t^{\mu}] Z^{(1)}(t+\tau) = 0, \\ \dfrac{\partial s}{\partial \beta} = -2\sum_{k=2}^{r} [\gamma^{(0)}(t) - \alpha Z^{(1)}(t+\tau) - \beta t^{\mu}] t^{\mu} = 0, \end{cases}$$

化简得

$$\boldsymbol{A}^{\mathrm{T}} \cdot \boldsymbol{\varepsilon} = 0,$$
$$\Rightarrow \boldsymbol{A}^{\mathrm{T}} \cdot (\boldsymbol{Y} - \boldsymbol{A} \cdot \boldsymbol{x}) = 0$$
$$\Rightarrow \boldsymbol{A}^{\mathrm{T}} \cdot \boldsymbol{Y} - \boldsymbol{A}^{\mathrm{T}} \cdot \boldsymbol{A} \cdot \boldsymbol{x} = 0$$
$$\Rightarrow \boldsymbol{x} = (\boldsymbol{A}^{\mathrm{T}} \cdot \boldsymbol{A})^{-1} \cdot \boldsymbol{A}^{\mathrm{T}} \cdot \boldsymbol{Y}。$$

其中

$$\boldsymbol{x} = \begin{bmatrix} \alpha \\ \beta \end{bmatrix}，\boldsymbol{Y} = \begin{bmatrix} \gamma^{(0)}(2) \\ \gamma^{(0)}(3) \\ \vdots \\ \gamma^{(0)}(n) \end{bmatrix}，\boldsymbol{A} = \begin{bmatrix} Z^{(1)}(2+\tau) & 2^{\mu} \\ Z^{(1)}(3+\tau) & 3^{\mu} \\ \vdots & \vdots \\ Z^{(1)}(n+\tau) & n^{\mu} \end{bmatrix}。$$

即证。

定理 7.2.1 表明，GAPM 模型的系数 α，β 可由该定理计算出来。计算过程可以通过 MATLAB 编程实现。同时，新模型中的另外两个参数 r 和 τ 可通过优化方法寻找最优解，具体的优化方法将在下一小节介绍。

定理 7.2.2　假设序列 $\boldsymbol{\gamma}^{(0)},\boldsymbol{\gamma}^{(1)}$ 和 $\boldsymbol{Z}^{(1)}$ 如定义 7.2.2 所示,则 GAPM 模型的时间响应式为:

$$\hat{\gamma}^{(0)}(t)=r\cdot\alpha\gamma^{(0)}(t+\tau)+\alpha\gamma^{(1)}(t-1+\tau)+\beta t^{\mu}。 \tag{7-8}$$

证明　一般地,逆矩阵在求解过程中容易出现病态性的问题。因此,为了降低模型的病态性,我们在 GAPM 模型的求解过程中采用了派生法。

根据公式(7-5)

$$\gamma^{(0)}(t)=\alpha Z^{(1)}(t+\tau)+\beta t^{\mu},$$

由派生法得:

$$\begin{aligned}
\gamma^{(0)}(t)&=\alpha[r\gamma^{(1)}(t+\tau)+(1-r)\gamma^{(1)}(t-1+\tau)]+\beta t^{\mu}\\
&=\alpha\{r[\gamma^{(0)}(t+\tau)+\gamma^{(1)}(t-1+\tau)]+(1-r)\gamma^{(1)}(t-1+\tau)\}+\beta t^{\mu}\\
&=\alpha[r\gamma^{(0)}(t+\tau)+\gamma^{(1)}(t-1+\tau)]+\beta t^{\mu},
\end{aligned}$$

即为 $\hat{\gamma}^{(0)}(t)=r\cdot\alpha\gamma^{(0)}(t+\tau)+\alpha\gamma^{(1)}(t-1+\tau)+\beta t^{\mu}$。

定理 7.2.3　设 t^{μ} 和 $\boldsymbol{Z}^{(1)}$ 如定义 7.2.3 所示,则:

(1) 当 $\displaystyle\sum_{i=2}^{n}(i^{\mu})^{2}$ 最大时,模型病态性较小,GAPM 模型稳定性较强;

(2) 当 $\displaystyle\sum_{i=2}^{n}[Z^{(1)}(i+\tau)]^{2}$ 最大时,即原始数据较大时,模型的病态性较大,GAPM 模型稳定性较弱。

证明　由 $\boldsymbol{A}=\begin{pmatrix} Z^{(1)}(2+\tau) & 2^{\mu}\\ Z^{(1)}(3+\tau) & 3^{\mu}\\ \vdots & \vdots\\ Z^{(1)}(n+\tau) & n^{\mu} \end{pmatrix}$,

有

$$\boldsymbol{A}^{\mathrm{T}}\boldsymbol{A}=\begin{pmatrix} Z^{(1)}(2+\tau) & Z^{(1)}(3+\tau) & \cdots & Z^{(1)}(n+\tau)\\ 2^{\mu} & 3^{\mu} & \cdots & n^{\mu} \end{pmatrix}\begin{pmatrix} Z^{(1)}(2+\tau) & 2^{\mu}\\ Z^{(1)}(3+\tau) & 3^{\mu}\\ \vdots & \vdots\\ Z^{(1)}(n+\tau) & n^{\mu} \end{pmatrix}$$

$$=\begin{pmatrix} \displaystyle\sum_{i=2}^{n}[Z^{(1)}(i+\tau)]^{2} & \displaystyle\sum_{i=2}^{n}Z^{(1)}(i+\tau)i^{\mu}\\ \displaystyle\sum_{i=2}^{n}Z^{(1)}(i+\tau)i^{\mu} & \displaystyle\sum_{i=2}^{n}(i^{\mu})^{2} \end{pmatrix}。$$

令

$$a = \sum_{i=2}^{n} [Z^{(1)}(i+\tau)]^2, b = \sum_{i=2}^{n} Z^{(1)}(i+\tau)i^{\mu}, c = \sum_{i=2}^{n} (i^{\mu})^2,$$

则 $\boldsymbol{A}^{\mathrm{T}}\boldsymbol{A} = \begin{bmatrix} a & b \\ b & c \end{bmatrix}$。

显然 $\boldsymbol{A}^{\mathrm{T}}\boldsymbol{A}$ 是一个实对称阵,其特征方程为

$$\lambda^2 - (a+c)\lambda + ac - b^2 = 0,$$

特征根为

$$\lambda_{1,2} = \frac{a+c \pm \sqrt{(a-c)^2 + 4b^2}}{2},$$

故 $\boldsymbol{A}^{\mathrm{T}}\boldsymbol{A}$ 的最大特征根为

$$\lambda_{\mathrm{max1}} = \frac{a+c + \sqrt{(a-c)^2 + 4b^2}}{2}。$$

又 $\boldsymbol{A}^{\mathrm{T}}\boldsymbol{A}$ 的逆矩阵为

$$(\boldsymbol{A}^{\mathrm{T}}\boldsymbol{A})^{-1} = \frac{1}{ac - b^2} \begin{bmatrix} c & -b \\ -b & a \end{bmatrix},$$

类似可得 $(\boldsymbol{A}^{\mathrm{T}}\boldsymbol{A})^{-1}$ 的最大特征根为

$$\lambda_{\mathrm{max2}} = \frac{a+c + \sqrt{(a-c)^2 + 4b^2}}{2(ac - b^2)},$$

则 $\boldsymbol{A}^{\mathrm{T}}\boldsymbol{A}$ 的条件数为

$$cond_2(\boldsymbol{A}^{\mathrm{T}}\boldsymbol{A}) = \| \boldsymbol{A}^{\mathrm{T}}\boldsymbol{A} \|_2 \cdot \| (\boldsymbol{A}^{\mathrm{T}}\boldsymbol{A})^{-1} \|_2 = \lambda_{\mathrm{max1}} \cdot \lambda_{\mathrm{max2}}。$$

同时,$\boldsymbol{A}^{\mathrm{T}}\boldsymbol{A}$ 的任意特征值 λ 满足:

$$| \lambda | \leqslant n \cdot \max_{i,j} | a_{ij} | \quad (n \text{ 为 } \boldsymbol{A}^{\mathrm{T}}\boldsymbol{A} \text{ 的阶数}),$$

则

$$cond_2(\boldsymbol{A}^{\mathrm{T}}\boldsymbol{A}) \leqslant \frac{4\max | a,b,c |^2}{ac - b^2}。$$

代入 a, b, c 的表达式:

$$cond_2(\boldsymbol{A}^{\mathrm{T}}\boldsymbol{A}) \leqslant \frac{4\max \left| \sum_{i=2}^{n} [Z^{(1)}(i+\tau)]^2, \sum_{i=2}^{n} Z^{(1)}(i+\tau)i^{\mu}, \sum_{i=2}^{n} (i^{\mu})^2 \right|^2}{\sum_{i=2}^{n} [Z^{(1)}(i+\tau)]^2 \cdot \sum_{i=2}^{n} (i^{\mu})^2 - \left[\sum_{i=2}^{n} Z^{(1)}(i+\tau)i^{\mu} \right]^2}。$$

此时的条件数转化为 $\sum_{i=2}^{n} [Z^{(1)}(i+\tau)]^2, \sum_{i=2}^{n} Z^{(1)}(i+\tau)i^{\mu}, \sum_{i=2}^{n} (i^{\mu})^2$ 大小的

比较问题。而这三者之间,最大的只能是 $\sum\limits_{i=2}^{n}\left[Z^{(1)}(i+\tau)\right]^2$ 或者 $\sum\limits_{i=2}^{n}(i^{\mu})^2$。

该定理得证。

定理 7.2.3 表明:

(1) 当 $\sum\limits_{i=2}^{n}(i^{\mu})^2$ 最大时,模型病态性较小,GAPM 模型稳定性较强,可以直接用原始数据进行建模预测;

(2) 当 $\sum\limits_{i=2}^{n}\left[Z^{(1)}(i+\tau)\right]^2$ 最大时,即原始数据较大时,模型的病态性较大,GAPM 模型稳定性较弱,此时不能直接用原始序列建模,需要对原始数据先进行处理,比如采用数乘变换、向量变换或者各种灰色算子等数据处理方法,然后再用处理后的数据来建模,可降低模型的病态性,提高模型的稳定性。

综上所述,GAPM 模型建模过程如图 7-1 所示。

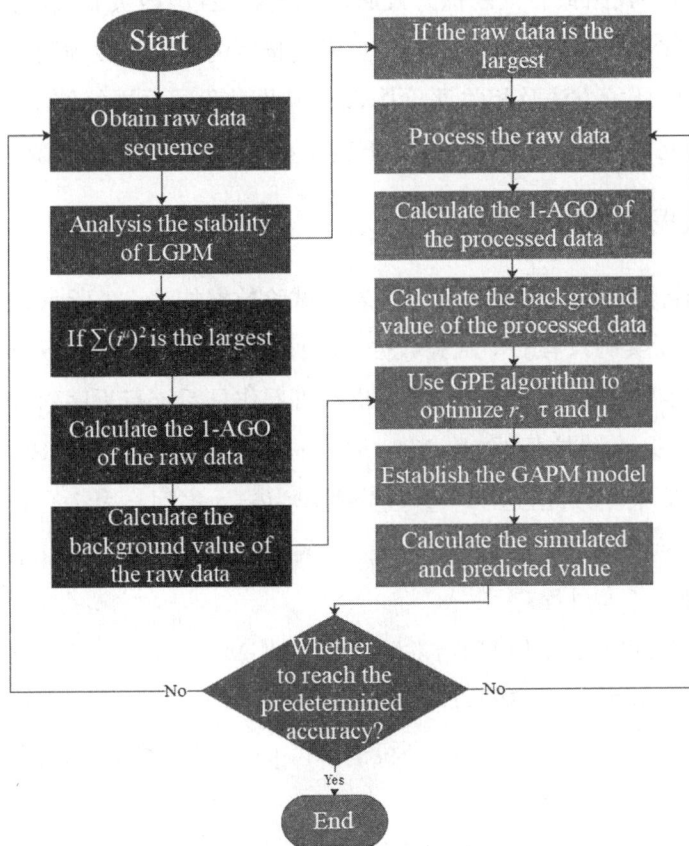

图 7-1　GAPM 模型流程图

7.3 页岩脆性指数预测

在中国,四川盆地东南部的焦石坝地区龙马溪组是我国发现的第一个工业化页岩气产能区。该区发育有大量深灰色及灰黑色页岩,属于浅海陆棚相沉积,其页岩的微观结构、力学特性等均表现出一定程度的各向异性特征。焦石坝地区龙马溪组页岩属于低孔、低渗透型储层,具有孔隙结构复杂、非均质性强等特征,需在开发过程中使用水力压裂以提高采收率。由于大倾角层理性页岩的各向异性特征,其力学特性及脆性与均质性岩石区别较大,导致脆性预测十分困难。

同时,由于我国页岩气勘探开发起步较晚,并且国内页岩气勘探开发区地质背景相对北美较为复杂,因而,进行页岩气选区的脆性指数预测时,不能照搬北美页岩气的评价方法及相关评价体系。因此对我国页岩气储层脆性指数预测工作的研究,有利于促进我国页岩压裂技术和页岩气产能的提高。

7.3.1 数据的选取

本例选自焦石坝地区龙马溪组页岩的试验数据如表 7-1 所示(数据来源于文献[①])。由于实例只有七个试验数据,在有限数据可用的情况下,灰色预测模型适用于样本容量较小的情形。脆性指数可看作是系统行为序列,即输出序列 $X_1^{(0)}$,它主要受单轴抗压强度($X_2^{(0)}$,MPa),弹性模量($X_3^{(0)}$,MPa)和泊松比($X_4^{(0)}$,%)的影响。因此,这三个参数分别作为输入序列。表 7-1 中,从层面角 0°到 75°的数据将用于建模,层面角为 90°的数据则用于预测。下面详细介绍GAPM 模型的建模过程。

在该例中,将 GAPM 模型与 GM(1,n)、NGM(1,n)、GMC(1,n)这三个常用的灰色预测模型进行比较,以验证新模型的预测效果。

由定理 7.2.1,在 MATLAB 环境下求得 GAPM 模型的参数值见表 7-2。

---

① 王跃鹏,刘向君,梁利喜.页岩力学特性的层理效应及脆性预测[J].岩性油气藏,2018,30(4):149-160.

表 7-1　焦石坝地区龙马溪组页岩层面角及其他参数值

层面角 /(°)	脆性指数 $[X_1(k)]$	单轴抗压强度/MPa $[X_2(k)]$	弹性模量/MPa $[X_3(k)]$	泊松比 $[X_4(k)]$
1(0°)	2.980	78.31	12441.00	0.233
2(15°)	2.475	68.53	12126.00	0.204
3(30°)	2.051	55.05	11742.00	0.171
4(45°)	1.871	46.68	10335.00	0.179
5(60°)	2.274	65.94	10630.00	0.213
6(75°)	2.696	72.56	11120.00	0.235
7(90°)	2.674	74.89	11029.00	0.224

表 7-2　GAPM 模型的参数值

参数	r	a	b_2	b_3	b_4	c_2	c_3	c_4	d
值	6	−1.41	0.03	0.00001	8.95	0.01	−0.00007	4.47	1.11

7.3.2　建立模型

根据表 7-2 中各参数值可求得 GAPM 模型的时间响应式为

$$\hat{X}_1^{(0)}(k) = -1.41 X_1^{(1)}(k-1) + 0.01 X_2^{(0)}(k) - 0.00007 X_3^{(0)}(k) + 4.47 X_4^{(0)}(k) +$$
$$0.03 X_2^{(1)}(k-1) + 0.00001 X_3^{(1)}(k-1) + 8.95 X_4^{(1)}(k-1) + 1.11 。$$

由此建立了 GAPM 模型。

7.3.3　模型比较

根据 MATLAB 程序,GAPM、GM$(1,n)$、NGM$(1,n)$、GMC$(1,n)$这四个模型的拟合/预测值、*APE* 和 *MAPE* 值的结果分别列于表 7-3。如表 7-3 所示,GAPM 的拟合/预测 *MAPE* 值在这四模型中是最小的,分别为 0% 和 0.38%。也就是说,GAPM 模型的拟合/预测效果最好,其次是 GM$(1,n)$模型的效果比较好。效果比较不理想的模型是 NGM$(1,n)$、GMC$(1,n)$,其拟合/预测 *MAPE* 值都超过了 30%,说明这两个模型不适合该脆性指数预测。此外,新模型的拟合/预测 *APE* 除了第一个值以外,其余都是最小的,也就是说,GAPM 模型的拟合值与原始值的偏差率及差异都最小。

表 7-3 原始数据及四个模型的拟合/预测值、*APE* 和 *MAPE* 值

原始数据	GAPM		GMC $(1,n)$		GM$(1,n)$		NGM$(1,n)$	
	Value	APE/%	Value	APE/%	Value	APE/%	Value	APE/%
拟合								
2.98	2.98	**0**	2.98	0	2.98	0	2.98	0
2.48	2.48	**0**	0.30	88.05	2.08	16.10	2.48	0
2.05	2.05	**0**	1.37	33.26	2.30	12.20	2.70	31.49
1.87	1.87	**0**	1.26	32.42	1.85	0.81	2.79	48.96
2.27	2.27	**0**	1.44	36.48	2.38	4.74	3.30	45.30
2.70	2.70	**0**	1.72	36.30	2.59	4.15	3.78	39.84
MAPE(%)		**0**		37.75		6.33		27.60
预测								
2.67	2.68	**0.38**	1.79	32.94	2.64	1.08	3.90	45.91
MAPE(%)		**0.38**		32.94		1.08		45.91

图 7-2 给出了 GAPM、GM$(1,n)$、NGM$(1,n)$、GMC$(1,n)$ 这四个模型的 *APE* 和 *MAPE* 值柱状对比图。从该图中可以明显地看到，GMC$(1,n)$ 和 NGM$(1,n)$ 模型的 *MAPE* 值较高，说明其预测效果不好；GAPM 模型的 *MAPE* 值几乎为零，意味着该模型的拟合/预测效果最好。

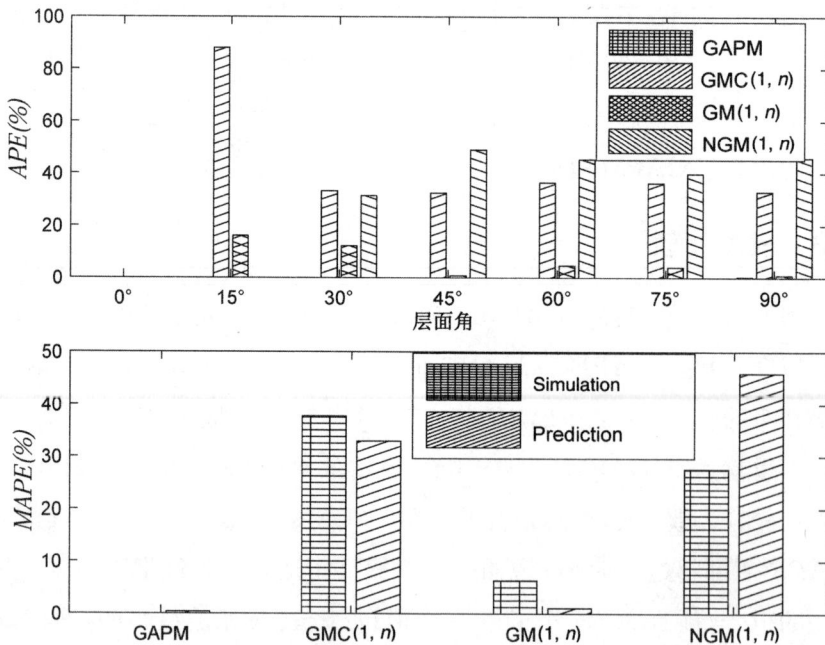

图 7-2 四个模型的拟合/预测 *APE* 和 *MAPE* 值

图 7-3 给出了 GAPM、GM(1, n)、NGM(1, n)、GMC(1, n) 这四个模型和原始数据的散点对比图。从该图可以看到,GAPM 模型的拟合曲线与原始曲线几乎重合,而 GMC(1, n) 的拟合曲线与之相差甚远。

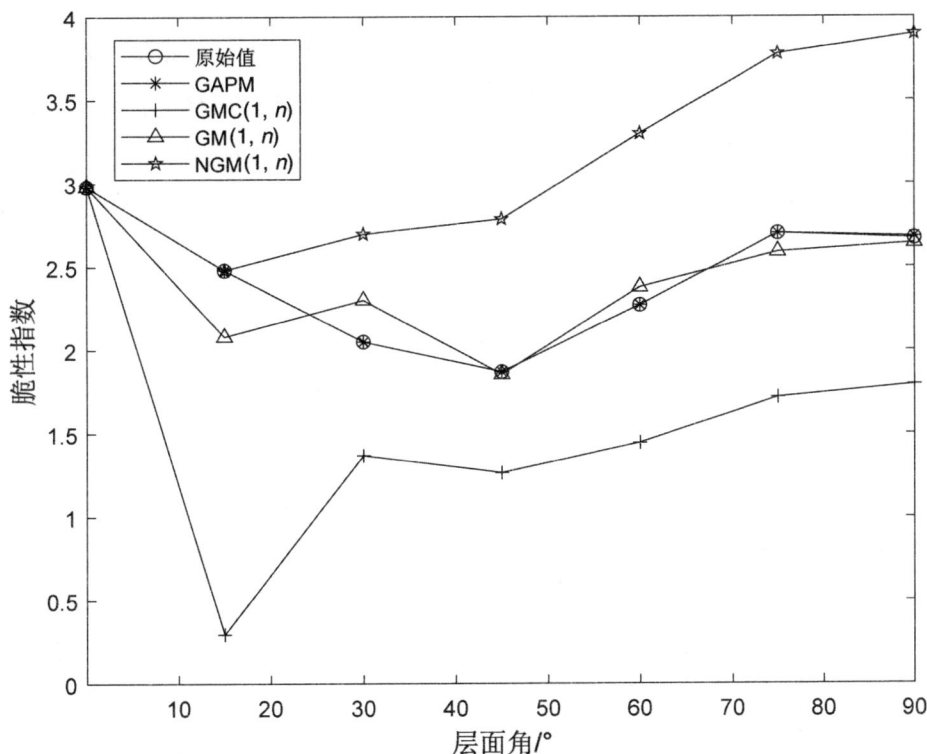

图 7-3 原始数据四个模型的拟合/预测值的散点对比图

上述图表表明,在该岩体脆性指数预测的应用中,GAPM 比其他三个模型具有更高的预测精度,更适用于非线性脆性参数预测。

7.3.4 结果分析

以上结果表明,在岩体脆性指数预测的应用中,从 GAPM 与 GM(1, n)、NGM(1, n)、GMC(1, n) 三个模型的对比结果可以看出,新模型有更好的拟合/预测效果。实例中,GAPM 模型拟合 *MAPE* 值为 0.00%;预测 *MAPE* 值为 0.38%。根据 Lewis 的 MAPE 准则,GAPM 模型的拟合和预测的 *MAPE* 值都是最低的。因此,新模型精度最高。图 7-1、图 7-2、图 7-3 能更直观地描述几种模型的预测性能,很明显,模型 GAPM 在页岩脆性指数预测性能上优于其他三个模型。这意味着从结构设计来看,GAPM 模型因为时间响应式的第一项充分利用了原始数据的所有信息,所以相对来说,比其他多变量灰色模型更加稳定。另外,GM(1,n)的结果并不令人满意,也就是说,所提出的新模型的病态性确实降低了。因此,GAPM 模型更适用于非线性脆性参数预测问题。

综上可知,根据岩体脆性指数的非线性特征及单轴抗压强度、弹性模量和泊松比所建立的岩体脆性指数非线性灰色预测模型,可以准确估计岩体在单轴抗压强度等状态下的脆性指数。同时,该模型可对我国页岩气勘探技术的开发提供一定的技术支持,对页岩气产量的提高有一定的促进作用。

7.4 小结

脆性指数预测是影响页岩气产能及储层岩石可压裂性的关键。科学、合理、准确地分析页岩脆性指数,可以提高页岩气产量和勘探技术,也可帮助我国政府在进出口常规能源方面作出有效决策。本章的目的是基于岩体脆性指数的非线性、多变量及试验数据量小的特点,建立一种定量的页岩脆性指数非线性灰色预测模型。主要贡献如下:

(1) 从页岩不同层理角度,结合 VAR 模型和灰色非线性 GM(1,1,t^a)模型,建立了一种基于单轴抗压强度、弹性模量和泊松比等力学参数的非线性多变量脆性指数灰色预测模型 GAPM;

(2) 根据矩阵的条件数理论讨论了新模型的稳定性,并研究了 GAPM 模型的参数辨识、时间响应式等性质,模型 GAPM 在时间响应式的计算上使用派生法,避免矩阵求逆,控制了模型的病态性;

(3) 通过对中国焦石坝地区龙马溪组页岩脆性指数的试验分析,新模型比 GM(1,n)、NGM(1,n)、GMC(1,n)这三个常用灰色多变量模型在预测页岩脆性指数方面的性能更优。在此基础上,可对我国页岩气勘探技术的开发提供一定的技术支持,对页岩气产量的提高有一定的促进作用,从而实现中国经济的可持续发展。

　　如上所述，虽然 GAPM 模型可以对页岩脆性指数进行定量的预测，且模型预测效果好，具有较强的理论和现实意义，但模型还需要作进一步的完善。GAPM 是灰色模型，对数据量较小的试验有较好的预测效果，如果试验数据是大数据，尚不清楚新模型是否具有同样良好的性能。同时本章建立的非线性页岩脆性指数多变量灰色预测模型是针对页岩这类特殊的岩体提出的，对其他岩体的脆性指数的预测，还需要更深入的研究。这些不确定性可以成为未来研究的方向。

附　录

英文简写索引

　　表 1 主要归纳文中出现的各类模型、方法、专业术语及预测评价指标的英文缩写及解释。

表 1　英文缩写及中文释义

简写	英文	中文
NCDC	Nonlinear creep damage constitutive model	非线性蠕变损伤模型
UCC	Ubiquitous-corrosion-Coulomb creep model	U-C 库仑蠕变模型
GSI	geological strength index	地质强度指标
GK	Generalized Kelvin model	广义开尔文模型
G-GK	Grey-generalized Kelvin model	灰色-广义开尔文模型
G-GKPI	Generalized Kelvin rheological parameter grey identification method	广义开尔文流变参数灰色辨识法
ARIMA	Autoregressive integrated moving average model	差分自回归移动平均模型
VAR	Vector autoregressive model	向量自回归模型
SVM	Support vector machine	支持向量机
ANN	Artificial neural network	人工神经网络
1-AGO	One-order accumulative generation operator	一阶累加生成算子
GPE	Grey prediction evolution algorithm	灰色演化算法
DE	Differential evolution algorithm	差分演化算法
PSO	Particle swarm optimization	粒子群算法
BSA	Bird swarm algorithm	鸟群算法
AM	Accumulating method	累积法
G-B	Grey-Burgers model	灰色-伯格斯模型
GBPI	Burgers model rheological parameter grey identification method	伯格斯模型流变参数灰色辨识法
RQD	Rock quality designation	岩石质量指标

（续表）

简写	英文	中文
RMR	Rock mess rating	岩体质量分级
GM(1,1)	Univariate and one order grey model	灰色 GM(1,1)模型
GMC(1,n)	Grey multivariable convolution model	灰色多变量卷积模型
GM(1,n)	Grey multivariable model	灰色多变量模型
DMGM(1,n)	Derived grey multivariable model	派生型灰色多变量模型
EXP	Exponential regression model	指数回归模型
NGM(1,1)	Non-homogeneous grey model	非齐次灰色 GM(1,1)模型
NE-GM(1,1)	Non-equipgap GM(1,1) model	非等间隔单变量灰色模型
NE-GMC(1,n)	Non-equipgap GMC(1,n) model	非等间隔 GMC(1,n)模型
NE-Verhulst	Non-equipgap Verhulst model	非等间隔 Verhulst 模型
NE-MGM(1,n)	Non-equipgap MGM(1,n) model	非等间隔 MGM(1,n)模型
MAPE	Mean absolute percentage error	平均绝对百分比误差
RMSPE	Root mean square percentage error	根均方百分比误差
MAE	Mean absolute error	平均绝对误差
MSE	Mean-square error	均方误差
STD	Standard deviation of *MAPE*	*MAPE* 的标准差
R^2	Correlation coefficient	相关系数
APE	Absolute percentage error	绝对误差

参考文献

一、中文文献

[1]蔡美峰.岩石力学与工程[M].2 版.北京:科学出版社,2013.

[2]汝乃华,姜忠胜.大坝事故与安全·拱坝[M].北京:中国水利水电出版社,1995.

[3]冯夏庭.智能岩石力学导论[M].北京:科学出版社,2000.

[4]邓聚龙.灰理论基础[M].武汉:华中科技大学出版社,2002.

[5]周维垣.高等岩体力学[M].北京:水利电力出版社,1990.

[6]刘雄.岩石流变学概论[M].北京:地质出版社,1994.

[7]张肖宁.沥青与沥青混合料的粘弹力学原理及应用[M].北京:人民交通出版社,2006.

[8]肖新平,毛树华.灰预测与决策方法[M].北京:科学出版社,2013.

[9]刘思峰.灰色系统理论及其应用[M].8 版.北京:科学出版社,2017.

[10]晏石林,黄玉盈,陈传尧.贯通节理岩体等效模型与弹性参数确定[J].华中科技大学学报(自然科学版),2001(6).

[11]李学政,李大国,李江南.龙滩水电站蠕变岩体非开挖区边坡稳定性分析与评价[J].水力发电,2004(6).

[12]胡斌,祝鑫,李京,等.软弱夹层非线性流变损伤本构模型研究[J].安全与环境学报,2022,22(1).

[13]陈沅江,潘长良,曹平,等.软岩流变的一种新力学模型[J].岩土力学,2003(2).

[14]张亮亮,王晓健.改进宾汉姆流变模型及其参数辨识[J].力学与实践,

2017，39(6)．

[15]周先齐，王洁，陈自力．黏塑流变本构模型力学参数辨识研究[J]．地下空间与工程学报，2015，11(3)．

[16]曹树刚，边金，李鹏．软岩蠕变试验与理论模型分析的对比[J]．重庆大学学报(自然科学版)，2002(7)．

[17]刘家顺，靖洪文，孟波，等．含水条件下弱胶结软岩蠕变特性及分数阶蠕变模型研究[J]．岩土力学，2020，41(8)．

[18]凌同华，秦健，宋强，等．基于改进粒子群算法和神经网络的智能位移反分析法及其应用[J]．铁道科学与工程学报，2020，17(9)．

[19]王芝银，袁鸿鹄，汪德云，等．基于量测位移的隧洞围岩弹性抗力系数反演方法[J]．工程地质学报，2013，21(1)．

[20]张玉军．围岩流变参数反分析方法[J]．岩土工程学报，1990(6)．

[21]向文，张强勇，张建国．坝区岩体蠕变参数解析：智能反演方法及其工程应用[J]．岩土力学，2015，36(5)．

[22]杨林德，颜建平，王悦照，等．围岩变形的时效特征与预测的研究[J]．岩土力学与工程学报，2005(2)．

[23]马世伟，李守定，李晓，等．隧道岩体质量智能动态分级 KNN 方法[J]．工程地质学报，2020，28(6)．

[24]高玮，郑颖人．采用快速遗传算法进行岩土工程反分析[J]．岩土工程学报，2001(1)：120-122．

[25]左红伟，冯紫良，田玉静，等．岩石弹粘塑性时效模型的遗传算法多参数辨识[J]．岩石力学与工程学报，2002(S2)．

[26]张占荣，盛谦，杨艳霜，等．基于现场试验的岩体变形模量尺寸效应研究[J]．岩土力学，2010，31(9)．

[27]李维树，黄志鹏，谭新．水电工程岩体变形模量与波速相关性研究及应用[J]．岩石力学与工程学报，2010，29(S1)．

[28]宋彦辉，巨广宏，孙苗．岩体波速与坝基岩体变形模量关系[J]．岩土力学，2011，32(5)．

[29]张永杰，马文琪，罗伟庭，等．基于经验强度准则的岩体力学参数敏感性分

析[J]. 交通科学与工程，2020，36(3).

[30]李守巨，刘迎曦，刘玉晶. 基于改进神经网络的边坡岩体弹性力学参数识别方法[J]. 湘潭矿业学院学报，2002(1).

[31]孙钱程，李邵军，赵洪波，等. 基于位移和松弛深度的岩体参数概率反分析方法[J]. 岩石力学与工程学报，2019，38(9).

[32]赵洪波，冯夏庭. 非线性位移时间序列预测的进化：支持向量机方法及应用[J]. 岩土工程学报，2003，25(4).

[33]许传华，房定旺，朱绳武. 边坡稳定性分析中工程岩体抗剪强度参数选取的神经网络方法[J]. 岩石力学与工程学报，2002(6).

[34]柳长根，许传华. 工程岩体抗剪强度参数选取的支持向量机模型[J]. 矿业快报，2007(8).

[35]刘开云，乔春生，滕文彦. 边坡位移非线性时间序列采用支持向量机算法的智能建模与预测研究[J]. 岩体工程学报，2004(1).

[36]谢乃明，刘思峰. 离散 GM(1，1)模型与灰色预测模型建模机理[J]. 系统工程理论与实践，2005(1).

[37]崔立志，刘思峰，李致平. 灰色离散 Verhulst 模型[J]. 系统工程与电子技术，2011，33(3).

[38]李军亮，肖新平，廖锐全. 非等间隔 GM(1，1)幂模型及应用[J]. 系统工程理论与实践，2010，30(3).

[39]郭欢，肖新平，JEFFREY F. 非等间隔 GM(1，1，t^a)幂次时间项模型及其应用[J]. 控制与决策，2015，30(8).

[40]熊萍萍，党耀国，朱晖. 基于非等间距的多变量 MGM(1，m)模型[J]. 控制与决策，2011，26(1).

[41]韩新平，侯成恒，邹伟. 回转切削钻机凿岩速度影响因素的灰关联分析[J]. 应用泛函分析学报，2015，17(2).

[42]李鹏程，叶义成，王其虎，等. 基于正态白化权函数的灰评估岩爆预测模型[J]. 化工矿物与加工，2019，48(5).

[43]周鑫隆，章光，李俊哲，等. 灰靶决策理论在岩爆烈度等级评价中的应用[J]. 中国安全科学学报，2019，29(5).

[44]徐国文,何川,胡雄玉,等.基于分数阶微积分的改进西原模型及其参数智能辨识[J].岩土力学,2015,36(S2).

[45]赵洪波,冯夏庭.位移反分析的进化支持向量机研究[J].岩石力学与工程学报,2003(10).

[46]巫德斌,徐卫亚,朱珍德,等.泥板岩流变试验与粘弹性本构模型研究[J].岩石力学与工程学报,2004(8).

[47]徐国文,何川,代聪,等. 广义 Kelvin 蠕变损伤模型及其参数的智能辨识[J]. 西南交通大学学报,2015,50(5).

[48]崔峰,马成卫.基于蠕变全过程的广义凯尔文体力学损伤模型改进与验证[J].西安科技大学学报,2020,40(1).

[49]杨逾,魏珂,刘文洲.基于 Lemaitre 原理改进砂岩蠕变损伤模型研究[J].力学季刊,2018,39(1).

[50]易其康,马林建,刘新宇,等.考虑频率影响的盐岩变参数蠕变损伤模型[J].煤炭学报,2015,40(S1).

[51]唐佳,彭振斌,何忠明.基于岩体蠕变试验的 Burgers 改进模型[J].中南大学学报(自然科学版),2017,48(9).

[52]胡建林,孙利成,崔宏环,等.修正摩尔库仑模型下的深基坑变形数值分析[J].辽宁工程技术大学学报(自然科学版),2021,40(2).

[53]周辉,孟凡震,张传庆,等.基于应力-应变曲线的岩石脆性特征定量评价方法[J].岩石力学与工程学报,2014,33(6).

[54]夏英杰,李连崇,唐春安,等.基于峰后应力跌落速率及能量比的岩体脆性特征评价方法[J].岩石力学与工程学报,2016,35(6).

[55]王宇,李晓,武艳芳,等. 脆性岩石起裂应力水平与脆性指标关系探讨[J].岩石力学与工程学报,2014,33(2).

[56]李庆辉,陈勉,金衍,等.页岩脆性的室内评价方法及改进[J].岩石力学与工程学报,2012,31(8).

[57]姚亚锋,程桦,荣传新,等.人工冻结黏土广义开尔文蠕变本构模型模糊随机优化[J].煤田地质与勘探,2019,47(2).

[58]邱贤德,姜永东,阎宗岭,等.岩盐的蠕变损伤破坏分析[J].重庆大学学报

（自然科学版），2003(5).

[59]安俊理,陈飞,刘金虎,等.溶浸作用下钙芒硝盐岩蠕变特性研究[J].煤,2021,30(1).

[60]吴晓云,刘爽.冻结黏土开尔文与伯格斯蠕变模型分析[J].安徽理工大学学报(自然科学版),2020,40(2).

[61]汪妍妍,盛冬发.基于 Burgers 模型考虑损伤的岩石蠕变全过程研究[J].力学季刊,2019,40(1).

[62]张清照,沈明荣,丁文其.锦屏绿片岩力学特性及长期强度特性研究[J].岩石力学与工程学报,2012,31(8):.

[63]王中豪,李家龙,郭喜峰,等.非标准条件下刚性承压板试验变形参数的确定[J].长江科学院院报,2022,39(11).

[64]苏雅,苏永华,赵明华.基于 Hoek-Brwon 准则的软岩隧道围岩极限变形估算方法[J].岩石力学与工程学报,2021,40(S2).

[65]赵渊,王亮清,周鹏.基于改进 RBF 神经网络的硬岩岩体变形模量预测[J].人民长江,2015,46(3).

[66]周洪福,聂德新,王春山.水电工程坝基玄武岩体波速与变形模量关系[J].地球科学(中国地质大学学报),2015,40(11).

[67]张楠,王亮清,葛云峰,等.基于因子分析的 BP 神经网络在岩体变形模量预测中的应用[J].工程地质学报,2016,24(1).

[68]蔡毅.岩体结构面粗糙度评价与峰值抗剪强度估算方法研究[J].岩石力学与工程学报,2022,41(3).

[69]边毓.陕西某水库坝基岩体质量评价及抗剪断强度参数预测研究[D].西安:西安科技大学,2019.

[70]钱吴永,党耀国,刘思峰.含时间幂次项的灰色 GM(1,1,t^α)模型及其应用[J].系统工程理论与实践,2012,32(10).

[71]王跃鹏,刘向君,梁利喜.页岩力学特性的层理效应及脆性预测[J].岩性油气藏,2018,30(4).

[72]曾祥艳,肖新平.累积法 GM(2,1)模型及其病态性研究[J].系统工程与电子技术,2006(4).

二、英文文献

[1]HAN X M, LI W J, LI X Z, et al. Virtual reality assisted techniques in field tests and engineering application of the mechanical parameters of a horizontally layered rock mass[J]. Alexandria Engineering Journal, 2022, 61(5).

[2]ZHENG M Z, LI S J, ZHAO H B, et al. Probabilistic analysis of tunnel displacements based on correlative recognition of rock mass parameters [J]. Geoscience Frontiers, 2021, 12(4).

[3]FENG S X, WANG Y J, ZHANG G L, et al. Estimation of optimal drilling efficiency and rock strength by using controllable drilling parameters in rotary non-percussive drilling[J]. Journal of Petroleum Science and Engineering, 2020 (193).

[4]WEI W, ZHU L, LIU H. Anisotropy of deformation parameters of stratified rock mass[J]. Arabian Journal of Geosciences, 2021, 14(16).

[5] MO C H, LEE G H, JEOUNG T J, et al. Prediction of shale prospectivity from seismically-derived reservoir and completion qualities: Application to a shale-gas field, Horn River Basin, Canada[J]. Journal of Applied Geophysics, 2018(151).

[6] KIM T, HWANG S, JANG S. Petrophysical approach for S-wave velocity prediction based on brittleness index and total organic carbon of shale gas reservoir: A case study from Horn River Basin, Canada[J]. Journal of Applied Geophysics, 2017(136).

[7] LI J, LI W C. A quantitative seismic prediction technique for the brittleness index of shale in the Jiaoshiba Block, Fuling shale gas field in the Sichuan Basin[J]. Natural Gas Industry B, 2018(5).

[8] KIVI I R, AMERI M, MOLLADAVOODI H. Shale brittleness evaluation based on energy balance analysis of stress-strain curves[J]. Journal of Petroleum Science and Engineering, 2018(167).

[9]SHI X, LIU G, CHENG Y F, et al. Brittleness index prediction in shale

gas reservoirs based on efficient network models[J]. Journal of Natural Gas Science and Engineering, 2016, 35(2).

[10] KAUNDA R B, ASBURY B. Prediction of rock brittleness using nondestructive methods for hard rock tunneling[J]. Journal of Rock Mechanics and Geotechnical Engineering, 2016, 8(4).

[11] KIVI I R, ZARE-REISABADI M, SAEMI M, et al. An intelligent approach to brittleness index estimation in gas shale reservoirs: A case study from a western Iranian basin. Journal of Natural Gas Science and Engineering, 2017(44).

[12] ZHU H M, XIAO X P, KANG Y X, et al. Lead-lag grey forecasting model in the new community group buying retailing[J]. Chaos, Solitons and Fractals, 2022(158).

[13] ZHU H M, XIAO X P, HUANG X X, et al. Time-lead nonlinear grey multivariable prediction model with applications [J]. Applied Mathematical Modelling,2023(123).

[14] DUAN H M, PANG X Y. A multivariate grey prediction model based on energy logistic equation and its application in energy prediction in China [J]. Energy, 2021(229).

[15] GAO M Y, YANG H L, XIAO Q Z, et al. COVID-19 lockdowns and air quality: Evidence from grey spatiotemporal forecasts [J]. Socio-Economic Planning Sciences, 2022(83).

[16] XIAO X P, DUAN H M, WEN J H. A novel car-following inertia grey model and its application in forecasting short-term traffic flow[J]. Applied Mathematical Modelling, 2020(87).

[17] XIAO X P, ZHU H M, LI J L, et al. Novel method for total organic carbon content prediction based on non-equigap multivariable grey model [J]. Engineering Applications of Artificial Intelligence, 2024(133).

[18] ZHU H M. Multi-parameter Grey prediction model based on the derivation method[J]. Applied Mathematical Modelling, 2021(97).

[19]CUI J, LIU S F, ZENG B, et al. A novel grey forecasting model and its optimization[J]. Applied Mathematical Modelling, 2013, 37(6).

[20]XIAO X P, LI F. Research on the stability of non-equigap grey control model under multiple transformations[J]. Kybernetes, 2009, 38(10).

[21]WANG Z X, LI Q. Modelling the nonlinear relationship between CO_2 emissions and economic growth using a PSO algorithm-based grey Verhulst model[J]. Journal of Cleaner Production, 2019, 207(1).

[22]TIEN T L. The indirect measurement of tensile strength of material by the grey prediction model GMC$(1, n)$[J]. Measurement Science and Technology, 2005, 16(6).

[23]WANG Z X. Nonlinear grey prediction model with convolution integral NGMC$(1,n)$ and its application to the forecasting of China's industrial SO_2 emissions[J]. Journal of Applied Mathematics, 2014(2).

[24]MA X, LIU Z B. Research on the novel recursive discrete multivariate grey prediction model and its applications[J]. Applied Mathematical Modelling, 2016, 40(7-8).

[25] YOU M Q. Mechanical characteristics of the exponential strength criterion under conventional triaxial stresses[J]. International Journal of Rock Mechanics and Mining Sciences, 2010, 47(2).

[26] HOEK E, DIEDERICHS M S. Empirical estimation of rock mass modulus[J]. International Journal of Rock Mechanics and Mining Sciences, 2006, 43(2).

[27]WANG Q Q, XU M, ZHANG Y H, et al. Mechanical parameters of deep-buried coal goaf rock mass based on optimized GSI quantitative analysis[J]. Advances in Civil Engineering, 2021(21).

[28]ALTINDAG R. Assessment of some brittleness indexes in rock drilling efficiency[J]. Rock Mechanics and Rock Engineering, 2010, 43(3).

[29] TARASOV B, POTVIN Y. Universal criteria for rock brittleness estimation under triaxial compression[J]. International Journal of Rock

Mechanics and Mining Sciences，2013(59)．

[30]KHALEDI K，MAHMOUDI E，DATCHEVA M，et al．Analysis of compressed air storage caverns in rock salt considering thermo-mechanical cyclic loading[J]．Environmental Earth Sciences，2016，75 (15)．

[31]HU Z B，XU X L，SU Q H，et al．Grey prediction evolution algorithm for global optimization[J]．Applied Mathematical Modelling，2020(79)．

[32]ZHAO Y L，WANG Y X，WANG W J，et al．Modeling of non-linear rheological behavior of hard rock using triaxial rheological experiment [J]．International Journal of Rock Mechanics and Mining Sciences，2017 (93)．

[33]WANG R，LI L，SIMON R．A model for describing and predicting the creep strain of rocks from the primary to the tertiary stage[J]．International Journal of Rock Mechanics and Mining Sciences，2019 (123)．

[34]TIEN T L．A research on the grey prediction model $GM(1,n)$[J]．Applied Mathematics and Computation，2012，218(9)．